★ 권태형 소장의

초등 고학년 쐐기 영단어 일력

원어민 녹음

KB186007

9791163441656

중고등 상위권을 결정짓는
핵심 영어 어휘 365

권태형 지음

상위권 맘 필독 채널 <교집합 스튜디오>의
No.1 영어 꿀팁 제공

위즈덤하우스

저자 소개

권태형 소장

대한민국 대표 학습 입시 전문가, 학부모 교육 멘토

상위권 맘의 필독 채널이자 실천적인 자녀교육 유튜브 <교집합 스튜디오>에서 탁월한 영어교육 노하우를 전수하고 있으며, 누적 조회수 1,100만, 10만 명이 넘는 구독자들의 뜨거운 지지와 신뢰를 받고 있다.

서울대학교에서 영어교육학을 전공하였다. 초등학교 때의 잘못된 학습 방법으로 인해 중고등학교 때 고생하는 많은 학생들과 학부모들을 수없이 상담하게 된 것을 계기로, 올바른 초등 공부법을 설파하는 등 초등 아이들과 학부모를 위한 교육에 매진하고 있다. 특히, 평생 영어 실력의 기초를 세우는 초등 영어가 잘못된 방법과 접근으로 실패하는 일이 없도록 체계적이고 효율적인 시기별, 영역별 영어 공부법을 알리고 있다.

교육 강연 누적 수강생이 20만여 명에 달할 만큼 왕성한 오프라인 강연 활동을 하고 있고, 유튜브, 인스타그램, 네이버밴드 등 온라인 채널을 통해서도 전국의 많은 학부모들을 만나고 있다. 지은 책으로 베스트셀러인 『공부 독립』, 『초등 국영수 문해력』, 『무적의 학습포트폴리오』, 『후천적 영어 1등급 만들기 시리즈』 등이 있다.

▶ 교집합스튜디오

◎ @gyoziphop_studio

ⓑ 교집합

안녕? 반가워!

나는 여러분과 영단어 공부를 함께할 태형 쌤이야.

쌤은 오랜 시간 동안 여러분의 선배인 중고등학생이랑 영어 공부를 함께해 왔어. 영어를 잘하기 위해서는 영단어를 열심히 공부해야 하잖아. 그런데 나름 열심히 공부한 학생도 초5·6, 중 1이 되면서 영어 실력이 늘지 않는 경우가 생기더라고. 바로 영단어 실력이 부족하기 때문이야.

혹시 'deny', 'superficial'이라는 단어를 알고 있니? '부인하다', '피상적인'이라는 뜻의 영단어야. 영단어 자체도 어렵지만, 설령 그 단어를 알더라도 한글 뜻을 제대로 이해하지 못한 채 무작정 외우기만 했을 거야. 그러면 당연히 영단어를 잘못 사용하거나 금방 잊어버리게 되지. 한마디로 헛공부를 한 셈이야.

그래서 쌤은 초등학생 때부터 영단어의 한글 뜻을 제대로 이해해야 한다고 생각했어. 그런데 너무 어렵게 공부하면 너희들이 힘들잖아. 그래서 하루에 딱 1개씩 매일 꾸준히 공부하면 중고등학생 때도 영단어가 절대로 너희의 발목을 잡을 일이 없도록 이 책을 만들어 봤어. 쌤과 꾸준히 공부한다면 말이지. 자, 그럼 지금부터 이 책을 어떻게 활용하면 좋을지 설명해 줄게!

이 책은 총 2부로 나누어져 있어. 1부는 영단어를 먼저 배우고 그 뜻을 익히는 방법으로 구성되었고, 2부는 한글 뜻을 먼저 배우고 영단어를 익히는 방법으로 구성되어 있어. 왜 다르게 했을까? 2부 영단어의 한글 뜻이 더 어렵기 때문이야. 2부에는 '추상 어휘'라고 해서 눈에 보이지 않는 것들을 표현하는 단어를 모아 놓았어. 이해하기 어려울 수도 있으니 처음에 한글 뜻을 쭉 보고 어렵다는 생각이 들면 우선 영단어 없이 한글 뜻을 공부해 보렴. 그다음에 영단어를 공부하면 훨씬 쉬울 거야.

★권태형 소장의
초등
고학년 최우선
영단어 일력

초판 1쇄 인쇄 2023년 11월 3일
초판 1쇄 발행 2023년 11월 22일

지은이 권태형
펴낸이 이승현

출판1 본부장 한수미
라이프 팀
편집 김소현
디자인 하은혜

펴낸곳 ㈜위즈덤하우스 **출판등록** 2000년 5월 23일 제13-1071호
주소 서울특별시 마포구 양화로 19 합정오피스빌딩 17층
전화 02) 2179-5600 **홈페이지** www.wisdomhouse.co.kr

ⓒ 권태형, 2023

ISBN 979-11-6344-165-6 12590

1부 : 한 페이지의 내용을 모두 공부하기

2부 : 한글 뜻을 먼저 쭉 보고 Level 1 방식으로 공부할지
       Level 2 방식으로 공부할지 결정하기

   ★ Level 1) 한글 뜻 + 설명 + 예문의 한글 문장만 공부하기

   ★ Level 2) 한 페이지의 내용을 모두 공부하기

쌤이 추천하는 공부 순서는 아래와 같아.

1부 → 2부 Level 1 방식으로 끝까지 학습 → Level 2 방식으로 끝까지 학습

물론, 2부의 한글 뜻을 보고 공부할 만하다고 생각하는 친구들도 있을 거야. 그런 친구들은 1부와 2부 모두 내용 전체를 순서대로 쭉 공부해도 좋아. 이 페이지 아래 있는 QR코드로 우리가 공부한 영단어를 복습할 워크북을 다운로드할 수 있어. 7일마다 그동안 공부한 단어들을 복습할 수 있게 구성되어 있으니 잊지 말고 꼭 활용하길 바랄게!

또 쌤이 책 중간중간에 영단어 말고도 듣기, 말하기, 읽기, 쓰기, 문법 공부를 어떻게 하면 될지 꿀팁들을 넣어 놨으니 꼼꼼히 읽어 보렴. 끝까지 힘내서 매일매일 영어 실력을 쌓아 가길 바라. 여러분이 중고등학생이 될 때까지 이 책을 여러 번 보면서 353개의 영단어를 완벽히 자신의 것으로 만든다면 중고등학교 영어도 절대 두렵지 않을 거야. 영어는 튼튼한 영단어 실력에서 시작되거든. 이 책을 빨리 끝내고 반복해서 복습하고 싶은 친구들은 하루에 2~3개씩 공부하는 것도 괜찮아. 단, 복습 워크북과 책 여러 번 보기는 잊지 말고!

하루에 단어 1개이지만 이렇게 체계적으로 공부하다 보면 어느새 여러분의 영어 실력이 쑥쑥 자라 있을 거야. 쌤이 언제나 너희를 응원하고 있다는 것, 잊지 마! 그럼, 지금부터 첫날 공부를 시작해 볼까?

★ 태형 쌤의 영어 공부 꿀팁 ★
리스닝 노하우

영어가 술술 들리는 비법이 있다?

1. 모르는 단어 미리 챙겨 놓기

영어가 잘 안 들리는(Listening) 가장 큰 이유는 모르는 단어가 많기 때문이야. 모르는 단어는 귀를 기울여 봤자 잘 안 들리거든. 잘 듣다가도 문장 중에 모르는 단어가 하나라도 끼어 있으면 그 순간 당황해서 내용을 전부 까먹게 돼. 아는 만큼 들리는 거지. 그래서 모르는 단어는 미리 찾아보고 예습하는 게 정말 중요해.

2. 영단어는 꼭 음원(발음)을 들으며 공부하기

영단어는 모양과 소리가 똑같지 않아. 그렇기 때문에 단어 공부를 할 때는 꼭 그 발음을 들으면서 공부해야 돼. 발음을 들으면서 공부해야 하는 중요한 이유가 또 있어. 영단어는 한국말과 다르게 강세(Stress)라는 게 있어. 단어의 각 부분을 '세게' 또는 '약하게' 구별해서 발음하는 거야. 'Understand(이해하다)'라는 단어는 다음과 같이 세 부분으로 나뉘어. 'Un(언) + der(더) + Stand(스탠드)'. 이 세 부분의 세기(강세)가 모두 다 달라. 'Un'은 '세게', 'der'는 '약하게', 'strand'는 '아주 세게' 발음하지. 그렇기 때문에 영어는 음악처럼 리듬감이 생겨. 우리말과는 정말 다르지? 그 사실을 모르기도 하고, 익숙하지도 않으니까 영단어가 잘 들리지 않는 거야. 자, 앞으로는 단어의 강세를 듣고 따라 하면서 영단어를 공부해 보자.

※한글로 적어 둔 발음은 정확한 발음이라고 하기 어려워. 이해를 돕는 용도로만 참고해 줘.

Day 001 ~ Day 182

1부

피상적인
superficial

본질은 모른 채 겉으로 보이는 것에만 주목하는

'피상적인'은 표면적이거나 얕은 것 혹은 깊이, 의미 등이 부족한 상태를 뜻해요. 오랫동안 만나 온 친구이지만 매일 장난만 치는 사이라면 '두 사람의 우정은 피상적이어서 진지한 이야기를 나눈 적 없다'고 할 수 있지요. 아래 예문의 '피상적인 대답'은 실질적인 내용은 별로 없고 겉보기에만 신경 쓴, 겉핥기 식 대답이라는 의미랍니다. '피상적인 판단, 피상적인 생각, 피상적인 교육, 피상적인 관계'처럼 다양하게 쓸 수 있어요.

예문 **His answer was too superficial.**
그의 대답은 너무 피상적이었다.

Well begun is half done.

시작이 반이다.

간과하다
overlook

큰 관심 없이 대강 봐서 중요한 것을 잊어버리거나 놓침

'간과하다'는 무언가 알아차리지 못하거나 고려하지 않는다는 뜻이에요. '과제를 제출할 때 세부 사항을 간과해서 좋은 성적을 받지 못했다'처럼 쓰이지요. 'overlook'은 'over(넘어)'와 'look(보다)'이 합쳐진 단어예요. 그래서 '넘어 보다', 즉 '무시하다, 넘기다, 놓치다, 잊어버리다, 지나치다'라는 뜻이 되었답니다. 이렇게 내가 아는 두 단어가 합쳐진 단어를 만나면 어떤 뜻인지 추측해 보는 것도 좋은 영단어 학습 방법이에요. 그런 단어로 또 무엇이 있을까요?

| 예문 | Jenny overlooks the importance of friends.
제니는 친구의 중요성을 간과해. |

| 추가 단어 | importance 중요성 / friend 친구 |

A.M. (a.m.)

오전

밤 12시부터 낮 12시까지의 시간

영어로 오전, 오후를 말할 때 'a.m./p.m.'이라고 쓴 것을 본 적 있나요? 왜 그렇게 쓰는지 궁금했지요? 'a.m./p.m.'은 '정오(낮 12시)의 앞', '정오의 뒤'라는 의미의 라틴어(ante meridiem/post meridiem)를 줄인 말이에요. 10 a.m. 8 p.m.처럼 숫자를 앞에 써요. 이처럼 단어가 생긴 이유를 알면 더 재미있게 익히고 더 오래 기억할 수 있어요! 오늘 학교에 갔다가 집에 돌아오는 시간은 몇 시인가요? 숫자와 'a.m./p.m.'을 이용해서 표현해 보세요!

예문
I wake up at 6 a.m. every day.
나는 매일 오전 6시에 일어난다.

추가 단어 **wake up** 잠을 잔 후 일어나다

남용하다
abuse
어떤 것을 지나치게 마음대로 함부로 씀

'남용하다'는 어떤 것을 함부로 쓴다는 의미예요. 의사나 약사가 조제해 준 약을 자기 마음대로 많이 먹는 '약물 남용', 산의 나무를 필요한 것 이상 많이 베어 버리는 '자원 남용'처럼 쓸 수 있어요. 일부 나쁜 회사 대표나 정치인들은 자신들의 권한을 남용해서 개인적인 이익을 추구하며 돈을 남용하는 경우가 있어요. 이처럼 '남용하다'는 기본적으로 나쁜 의미가 있답니다. 지금이든, 어른이 되어서든 여러분은 그 무엇도 남용하지 않는 사람이 되길 바라요.

예문	**Do not abuse your power.** 당신의 권력을 남용하지 마세요.
추가 단어	**power** 권력

clean

깨끗한

더럽지 않고 정리 정돈이 잘된 상태

'clean'은 '손이 깨끗하다', '맑고 깨끗한 물', '아무것도 쓰여 있지 않은 깨끗한 공책', '국물 맛이 깔끔한(깨끗한) 상태' 등 여러 가지 뜻으로 다양하게 쓰여요. 한글 단어로는 '맑은', '깔끔한', '산뜻한', '신선한', '선명한', '순수한' 등으로 바꿔 쓸 수 있지요. 지금 눈을 감고 여러분의 방을 한번 떠올려 보세요. 여러분의 방은 지금 'clean'한가요?

예문

My hands are clean.
내 손은 깨끗하다.

부인하다
deny
어떤 사실을 그렇다고 받아들이지 않음

'부인하다'는 어떤 것을 인정하지 않는 거예요. 드라마나 영화를 보면, 경찰에 잡혀 온 범죄자가 자신의 범죄를 부인하는 장면이 나오죠? 친구와 정말 재미있게 놀았던 날, "오늘 정말 재미있었다는 것을 부인할 수 없어!"라고 말할 수 있어요. '오늘 정말 재미있었다'는 뜻이지요. 조금 어렵나요? 반대말도 알려 드릴게요. '인정하다'는 뜻을 가진 '시인하다'예요. 조금 어렵더라도 이 단어들을 자주 쓰다 보면 쉽게 느껴질 거예요. 그것이 공부하는 이유 아닐까요?

예문	**You can not deny the truth.** 당신은 진실을 부인할 수 없다.
추가 단어	**truth** 진실

point
가리키다
손가락 등으로 어떤 것을 콕 집어 보게 함

'point'는 손가락을 화살표처럼 사용해서 듣는 사람의 눈을 안내하는 행동이에요. 3학년 2반 교실이 어디인지 묻는 사람에게 "저쪽으로 가면 있어요" 하면서 손가락으로 가리킬 때 'point'를 쓰지요! 이밖에 '요점(가장 중요한 것)', 게임이나 시험에서 점수를 얻었다고 할 때의 '점수'라는 의미로 쓰이기도 해요.

예문
Point to the sky.
손가락으로 하늘을 가리켜 봐.

추가 단어
point to~ ~을 가리키다

기만하다
fool

거짓으로 남을 속임

'기만하다'는 누군가를 속여 사실이 아닌 것을 사실로 믿게 한다는 의미예요. 아프다는 거짓말로 부모님이나 선생님을 기만해서 학교에 가지 않으려고 하면 나쁜 학생이겠지요. 친구들과 조별 과제를 할 때 아무것도 하지 않고 자기 할 일을 이미 했다고 친구들을 기만하는 것은 어떤가요? 남을 함부로 기만해서는 안 돼요. 언젠가는 진실이 밝혀질 테고, 기만하는 행동이 반복되면 앞으로 여러분의 말을 그 누구도 믿지 않을 테니까요.

예문

You can not fool me that easily.
너는 나를 그렇게 쉽게 기만할 수 없어.

추가 단어 **that easily** 그렇게 쉽게

shape
모양

겉으로 보이는 생김새나 모습

'shape'는 우리가 수학 시간에 배운 삼각형, 사각형처럼 물체를 서로 구분할 수 있는 특성이에요. 또는 '어둠 속에서 움직이는 수상하고 흐릿한 형체(유령)', '사람의 체형이나 몸매'를 뜻하지요. 거울에 얼굴을 비춰 보세요. 여러분의 얼굴은 '계란형(egg-shaped face)'인가요 아니면 '사각형(square-shaped face)'인가요?

| 예문 | **The diamond has a beautiful shape.**
다이아몬드는 아름다운 모양을 가지고 있다. |
| 추가 단어 | **diamond** 다이아몬드 |

상기시키다
remind

지난 일을 머릿속에 떠올리게 함

'상기시키다'는 누군가 무엇을 기억하도록 돕는 것을 뜻해요. 알람이나 달력 앱은 중요한 일정을 상기시켜 줘요. 특정한 날씨나 음식, 냄새 등은 그것과 관련 있는 기억을 상기시키지요. 아래 예문의 '할머니를 상기시킨다'는 말은 '할머니를 생각나게 한다'는 뜻이에요. 'remind A of B'는 'A에게 B를 상기시키다. 생각나게 하다'라는 의미랍니다. 이 표현을 활용해서 다른 문장도 한번 만들어 보세요.

예문	**This picture reminds me of my grandmother.** **이 사진은 나에게 할머니를 상기시킨다.**

autumn

가을

사계절 중 세 번째 계절. 여름과 겨울 사이

사계절 중 봄(spring), 여름(summer), 겨울(winter)은 모두 하나의 단어를 쓰는데 유독 가을은 'autumn'과 'fall' 두 단어를 써요. 왜 그럴까 궁금했던 친구들, 있죠? 'fall'은 미국에서 많이 쓰는데, 가을에 '나뭇잎이 떨어지는 모습(fall of the leaf)'에서 비롯됐다고 해요. 'autumn'은 영국에서 많이 쓰는데, 라틴어 'autumnus'에서 비롯된 단어로 '수확하는 계절'이라는 뜻이에요. 이제 궁금증이 좀 풀렸나요?

예문
Autumn is my favorite season.
가을은 내가 가장 좋아하는 계절이다.

추가 단어 **fall** 떨어지다 / **leaf** 나뭇잎 / **favorite** 가장 좋아하는

갱신하다

update

기존 내용을 바뀐 사실에 따라 바꾸거나 더하거나 지움

'갱신하다'는 새로운 정보를 추가하거나 변경해 최신 것으로 만든다는 의미예요. 아래 예문 'You can update your phone'을 우리말로 그대로 옮기면 '당신은 휴대폰을 갱신할 수 있다'예요. 'update'가 휴대폰과 관련된 앱, 인터넷, 게임 등과 관련되어 쓰일 때는 '갱신하다'보다 '업데이트하다'가 더 익숙한 표현이에요. '전화번호가 바뀐 사람의 연락처를 갱신하다', '가족사진을 찍은 지 오래돼 가족사진을 갱신하다'처럼 쓸 수도 있어요.

예문

You can update your phone.
당신은 휴대폰을 갱신할 수 있다.

count

세다

사물의 수를 헤아리거나 꼽음

'count'는 '수를 세다', '계산하다'라는 뜻이에요. 한글 단어로는 '셈하다', '손꼽다' 같은 뜻으로도 쓰이지요. 간혹 숫자를 '세다'인지 '새다'인지 맞춤법이 헷갈리는 경우가 있지요? 둘 중 옳은 표현은 당연히 '세다'예요. 혼동될 때는 '셈하다'를 떠올리면 어렵지 않게 구별할 수 있을 거예요. 어때요, 참 쉽죠?

예문	**Can you count to ten in English?** 너는 영어로 10까지 셀 수 있니?
추가 단어	**count to~** ~까지 세다

점진적인
gradual

조금씩 앞으로 나아가는, 발전하는

'점진적인'은 한꺼번에 일어나지 않고 긴 시간에 걸쳐 천천히 일어나는 변화를 의미해요. '언덕의 경사가 점진적으로 변해서 오르기가 어렵지 않았다', '나는 하늘에서의 점진적인 변화를 보았다'처럼 표현돼요. 문장이 좀 어색하죠? 단어 뜻을 있는 그대로 해석하는 것을 직역이라고 해요. '언덕의 경사가 완만해서 오르기가 어렵지 않았다', '나는 하늘이 점진적으로 변하는 것을 보았다'처럼 바꾸면 훨씬 더 잘 이해될 거예요. 이렇게 문장을 바꾸기 위해서는 본래 한국말의 뜻을 정확하게 알아야만 해요.

예문

I saw a gradual change in the sky.
나는 하늘이 점진적으로 변하는 것을 보았다.

important
중요한

큰 의미나 가치가 있는

누군가 어떤 것이 'important'하다고 말하면 그 사람에게 그것이 우선순위이 거나 크게 관심 있는 것이라고 생각하면 돼요. 여러분이 정말 좋아하는 놀이가 있어요. 이 놀이는 여러분에게 매우 특별하기 때문에 누군가 못 하게 하면 정말 슬플 거예요. 이럴 때 이 놀이가 '나에게 정말 중요하다'라고 말할 수 있지요. 지금 여러분에게 가장 중요한 것은 무엇인가요?

예문	**Safety is important.** 안전은 중요하다.
추가 단어	**safety** 안전

신뢰
trust

굳게 믿고 의지하는 마음

'신뢰'는 누군가 또는 어떤 것을 향한 믿음을 뜻해요. 여러분은 신뢰하는 친구가 있나요? 아직 없더라도 괜찮아요. 신뢰할 만한 사람을 갖기 위해서는 내가 먼저 신뢰할 만한 사람이 되는 게 우선이니 지금부터라도 노력하면 돼요! 신뢰는 사람들 사이에서 가장 중요한 원칙이에요. 신뢰가 없는 사람은 다른 좋은 점이 있더라도 존중받지 못한답니다. 남에게 신뢰를 줄 수 있는 사람이 되기 위해서 여러분은 어떤 준비를 해야 할까요?

예문
Do not trust strangers easily.
낯선 사람들을 쉽게 신뢰하지 마세요.

추가 단어 **stranger** 낯선 사람 / **easily** 쉽게

kind

종류

비슷한 모양이나 성질을 가진 사물끼리 모아 놓은 것

많은 친구들이 'kind'를 '친절한'이라는 뜻의 영단어로 알고 있지만 사실 'kind' 는 '종류'라는 뜻으로도 많이 쓰여요. 우리가 좋아하는 간식으로 아이스크림, 초콜릿, 사탕, 과자 등이 있죠? 만약 여러분이 사탕, 과자보다 구슬 아이스크림, 바닐라 콘 아이스크림 등을 좋아한다면 "나는 아이스크림 종류를 좋아해!"라고 말할 수 있을 거예요. 여러분은 어떤 종류의 간식을 좋아하나요?

예문 | **What kind of music do you like?**
너는 어떤 종류의 음악을 좋아하니?

개혁하다
reform

제도 같은 것들을 완전히 바꿔 새롭게 만듦

'개혁하다'는 어떤 제도나 규칙, 법 같은 것이 잘 작동하지 않을 때 그것들을 새롭게 바꾸는 거예요. 뉴스나 역사책에서 구조 개혁, 갑오개혁 등 '개혁'이라는 단어를 종종 보게 되지요. 개혁은 무언가를 더 좋게 만들기 위해서 하는 것이랍니다. 여러분의 생활에도 개혁이 필요한 부분이 있을 거예요. 바로 떠오르지 않는다면 이 기회에 한번 생각해 볼까요?

예문	**We need to reform the school club rules.**
	우리는 학교 동아리 규칙을 개혁할 필요가 있다.

추가 단어	**school club** 학교 동아리

push
밀다

힘을 주어 앞으로 움직이게 함

문구점이나 음식점에 들어갈 때 문손잡이에 'push'라고 적혀 있는 것을 본 적 있을 거예요. 한국 사람들은 당기는 것보다 미는 것에 익숙해서 보통 문을 미는 경우가 많아요. 대개 문을 밀면 열리지만, 가끔 밀어서는 절대로 열리지 않는 문도 있어요. 잘 살펴보면 문손잡이에 'pull'이라고 쓰여 있을 거예요. 그런 경우에는 절대로 밀지 마세요. 'push'라는 단어를 배웠으니까 'push'가 아니면 밀지 않는 거예요!

예문	**Do not push me.** **나를 밀지 마세요.**
추가 단어	**pull** 당기다

무례한
rude

말이나 행동에 예의가 없는, 버릇없는

'무례한'은 예의 없거나 배려심 없는 행동을 의미해요. 다른 사람이 말할 때 끼어드는 것은 무례한 행동이에요. 상점 직원을 함부로 대하며 무시하는 것도 무례한 행동이랍니다. 입에 음식을 가득 물고 말하는 것도 상대방에게 무례한 행동이지요. 어디에서든 누구에게든 우리는 무례하게 행동해서는 안 돼요. 무례한 사람은 인성이 좋지 않은 사람이기 때문이죠. 여러분은 무례한 사람인가요?

예문

Do not be rude to your friends.
친구들에게 무례하게 굴지 마세요.

silly
어리석은
똑똑하지 못하고 둔함

'silly'는 '어리석은', '바보 같은'이라는 뜻이에요. 비슷한 의미의 단어로 'foolish', 'stupid'가 있어요. 하지만 누군가 어리석거나 바보 같은 행동을 했더라도 'stupid'라는 단어는 사용하지 않는 게 좋아요. 그 말을 들은 사람은 앞의 두 단어를 썼을 때보다 훨씬 더 충격을 받을 거예요. 대신 "다음부터는 그렇게 하지 않는 것이 좋겠어!"라고 얘기해 주는 친절한 사람이 됩시다.

| 예문 | **That was a silly mistake.**
그것은 바보 같은 실수였다. |

| 추가 단어 | **mistake** 실수 |

습득하다
acquire
배워서 지식을 쌓거나 기술을 익힘

'습득하다'는 노력해서 무언가를 얻는 거예요. 우리는 지식을 습득하기 위해 학교에서 수업을 받아요. 요리사가 되려면 다양한 요리 방법과 필요한 기술들을 습득해야만 돼요. '습득하다'는 '언어를 습득하다', '영어를 습득하다', '자전거 타는 법을 습득하다', '수영하는 방법을 습득하다'처럼 다양하게 활용할 수 있어요. 이것들 외에 '습득하다'라는 표현을 쓸 수 있는 문장이 또 있을까요? 세 개만 만들어 봅시다.

예문	**I go to school to acquire knowledge.** 나는 지식을 습득하기 위해 학교에 다닌다.
추가 단어	**knowledge** 지식

alone
혼자

남과 함께 있지 않고 나 하나만 있는 상태

'alone'은 주변에 아무도, 아무것도 없이 나 혼자만 있는 상태를 뜻하는 단어예요. 쿠키 한 상자를 다른 사람과 나눠 먹지 않고 혼자 다 먹는 것, 놀이터에 아무도 없어서 혼자 노는 상황 같은 것 말이지요. 여러분은 무언가를 혼자서 하는 것을 좋아하나요 아니면 누군가와 함께하는 것을 좋아하나요?

| 예문 | **I like listening to music alone.**
나는 혼자 음악 듣는 것을 좋아한다. |
| 추가 단어 | **listen to~** ~을 듣다 |

예측하다
predict
어떤 일이 일어날 것을 미리 짐작함

'예측하다'는 어떤 현상, 정보 등을 바탕으로 미래에 어떤 일이 일어날 거라고 판단하는 거예요. 선생님은 학생의 수업 태도 등을 바탕으로 그 아이가 시험을 잘 볼지 예측할 수 있어요. 일기예보는 날씨를 예측한 결과인데, 정확하게 예측해 내기가 쉽지 않아요. 왜냐하면 날씨에 영향을 주는 것들이 워낙 많기 때문이에요. 사람의 행동을 예측하는 것도 영향을 주는 요소들이 많아서 쉬운 일이 아니랍니다. 그렇지만 우리는 끊임없이 예측을 하면서 살고 있지요.

예문

This computer can predict the weather.
이 컴퓨터는 날씨를 예측할 수 있다.

balance
균형

한쪽으로 기울거나 쏠리지 않은 상태

'balance'는 놀이터의 시소를 생각하면 쉽게 이해할 수 있어요. 시소 양쪽에 앉은 두 친구의 몸무게가 같으면 시소는 한쪽으로 내려가거나 올라가지 않고 멈춰요. 균형 잡힌 상태이지요. 두 친구의 몸무게가 다르면 시소가 한쪽으로 기울어지겠죠? 시소를 재미있게 타려면 균형을 잡아야 해요. 그래서 우리는 시소를 탈 때 앞뒤로 옮겨 앉으며 균형을 찾으려고 하지요. 내일은 오랜만에 놀이터에 가서 시소를 타 보는 건 어떨까요? 'balance'라는 단어를 생각하면서요!

예문
You need balance to ride a bike.
자전거를 타려면 균형이 필요하다.

추가 단어 **need** 필요하다 / **ride a bike** 자전거를 타다

잠재적인
potential
겉으로 드러나지 않고 속에 숨어 있는

'잠재적인'은 지금은 겉으로 보이지 않지만 나중에는 드러날 가능성이 있는 상태를 의미해요. 이 책을 공부하는 여러분이 앞으로 영어를 잘할 수 있는 잠재력이 있는 것처럼요. 아직은 아니지만 실력이 꾸준히 늘고 있어서 언젠가는 나의 경쟁자가 될 수 있는 사람을 '잠재적 경쟁자'라고 부를 수 있지요. 뜻이 조금 어렵지만 자주 쓰는 어휘이니 꼭 기억해 두었으면 해요.

예문	**That is a potential risk.** 그것은 잠재적인 위험이다.
추가 단어	**risk** 위험

change
변하다
모습, 성질 등이 바뀌다

'change'는 작년보다 올해 키가 커지거나 발이 커져서 새 옷이나 새 신발이 필요할 때처럼 바뀌는 것을 말해요. 더운 여름이 가고 나뭇잎이 떨어지는 가을이 왔다가 추운 겨울이 오는 것도 변하는 것이지요. 그리고 오늘 'change'라는 단어를 배운 후, 영어 책을 읽을 때 이 단어가 들어간 문장을 이해할 수 있게 된 것도 여러분이 영어를 조금 더 잘하는 방향으로 변한 것이랍니다.

예문
The leaves change color in the fall.
가을에는 나뭇잎의 색이 변한다.

추가 단어
leaves '나뭇잎(leaf)'의 복수형

주저하다
hesitate

어떤 일에 나서지 못하고 망설임

'주저하다'는 어떤 일에 대한 확신이 없거나 긴장해서 그 일을 하기 전에 잠시 멈추는 것을 말해요. 사람들은 몇 마디 말로 자신을 판단해 버릴까 봐 자신의 생각을 솔직히 말하는 것을 주저해요. 낯선 사람에게 먼저 말을 걸어야 할 때도 주저하게 되죠. 그런데 '인생은 타이밍'이에요. 시기적절한 행동의 중요성을 강조하는 말이지요. 중요한 순간에 주저하고 망설이면 결국 실패하고 마는 일이 많아요. 그러니 필요한 순간에는 'Do not hesitate!'를 꼭 명심하세요!

예문	**Do not hesitate to ask for help.** 주저하지 말고 도움을 요청하세요.
추가 단어	**ask for** 요청하다

anger
화, 노여움

마음에 들지 않거나 기분이 나빠서 몹시 성이 나는 것

'anger'는 기분이 몹시 나빠지는 것을 의미해요. 소리 지르고 발을 구르며 화가 났음을 몸으로 표현하기도 하죠. '화'는 한자로 '火(불 화)'라고 써요. 비슷한 의미의 한글 단어로 '성내다'의 '성', '노여움', '분노'가 있어요. 화는 누구나 자연스럽게 느끼는 감정이지만, 나를 포함해 다른 사람에게 상처 주지 않는 게 중요해요. 여러분은 화나는 일이 생기면 어떻게 하나요? 혹시 누군가에게 상처를 주지는 않나요?

예문	**My sister's anger scared me.** 내 여동생의 화가 나를 무섭게 했다.
추가 단어	**scared** '무섭게 하다(scare)'의 과거형

차분한

calm

마음이나 태도가 가라앉아서 조용한

'차분한'은 조용하고 평화로운 상태나 상황을 뜻해요. 위기 상황이 닥쳤을 때 흥분하거나 불안해하기보다는 침착하고 차분하게 생각해야 그 상황을 이겨 낼 수 있어요. 영어에서 정말 많이 쓰는 표현 중에는 "Calm down"이 있어요. "진정해. 차분히 있어"라는 뜻이에요. 평소에 여러분은 그런 말을 자주 듣는 편인가요? 그리고 또 하나! 'calm'에서 'L'은 발음되지 않으니 주의하세요!

| 예문 | **He has a calm voice.**
그는 차분한 목소리를 가지고 있다. |
| 추가 단어 | **voice** 목소리 |

dictionary

사전

여러 낱말들을 차례대로 늘어놓고 풀이한 책

'dictionary'가 왜 필요할까요? 책을 읽다 보면 모르는 단어가 나올 거예요. 그럴 때 그냥 넘어간다면 시험을 볼 때 좋은 성적을 받기 어려울 거예요. 그렇게 지나친 단어에는 지식이 담겨 있기 때문이지요. '사전'은 그럴 때 필요해요. 책을 읽거나 공부하다가 모르는 단어를 만나면 반드시 사전을 찾아봐야 해요. 사전에는 그 단어를 어떻게 발음해야 하는지부터 그 단어가 어떤 뜻인지, 어떻게 쓰이는지 자세히 설명되어 있어요. 사전을 가까이하면 공부가 훨씬 쉬워질 거예요.

| 예문 | **I use my dictionary to learn new words.** 나는 새로운 단어를 배우기 위해 사전을 사용한다. |
| 추가 단어 | **use** 사용하다 / **to learn** 배우기 위해 |

추상적인
abstract

말이나 글, 그림 등이 구체적이지 않고 막연한

'추상적인'은 만지거나 볼 수 없지만 생각하거나 이야기할 수 있는 어떤 상태를 뜻해요. 사랑은 눈에 보이지 않지만 느끼고 이야기할 수 있기 때문에 추상적이지요. '추상적인'처럼 어휘의 뜻이 어렵고 잘 이해되지 않으면 정반대 뜻을 가진 단어(반의어)를 찾아보면 큰 도움이 돼요. 'abstract'의 반의어는 'concrete(구체적인)'예요. "그 그림이 추상적"이라는 말은 우리가 눈으로 보면서 쉽게 이해할 수 있는 '구체적인' 것이 아니라는 뜻이지요. 조금 이해가 됐나요?

예문

The painting looks abstract.
그 그림은 추상적으로 보인다.

추가 단어 look~ ~처럼 보이다

plant
심다, 식물

씨앗, 풀, 나무의 뿌리를 땅속에 묻음

'plant'는 씨앗, 풀, 나무뿌리 등을 땅속에 묻는다는 '심다'라는 뜻과 함께 '식물'이라는 뜻도 있어요. 'plant'처럼 하나의 단어가 연관된 두 가지 뜻을 가진 단어로 'watch'가 있어요. 'watch'는 '시계'라는 뜻도 있지만 '관찰하다'라는 뜻도 있지요. 함께 알아 두면 좋겠지요?

예문	**I will plant a tree in our garden.** 나는 우리 정원에 나무를 심을 것이다.
추가 단어	**garden** 정원

탐욕
greed

어떤 것을 지나치게 갖고 싶어 하는 욕심

'탐욕'은 부, 권력, 음식, 옷 등에 대한 강력하고 이기적인 욕심이에요. 점점 더 많은 것을 원하면서 다른 사람들과 그것을 나누고 싶어 하지 않는 마음이지요. 만화나 영화 속 해적들은 탐욕으로 인해 결국 모두 죽게 돼요. 악당들도 탐욕을 부리다가 몰락하죠. 이런 이야기들의 교훈은 '탐욕은 사람에게 해롭다'는 거예요. 그런데 탐욕이 없는 사람은 없어요. 다만 그것이 너무 지나치면 본인에게 병이 되기도 하고, 다른 사람들에게 상처를 주기도 하는 것이지요.

예문

Greed makes people selfish.
탐욕은 사람을 이기적으로 만든다.

추가 단어 **selfish** 이기적인

answer

대답하다, 대답

묻는 말에 답함

'answer'는 질문이나 문제에 답한다는 의미예요. "네가 가장 좋아하는 색깔은 뭐니?" 같은 질문에 대한 답일 수도 있고요. "3 + 2는?" 같은 문제에 대한 답일 수도 있어요. "Q&A"라는 표현을 본 적 있을 거예요. 바로 'Question'과 'Answer'를 줄인 말로 인터넷 홈페이지, 책, 강의 끝에 더 자세한 질문과 대답을 주고받는 공간, 또는 시간을 의미해요.

예문	**Can you answer this question?**
	이 질문에 대답할 수 있나요?
추가 단어	**question** 질문

지지하다
support

어떤 사람이나 단체의 생각이 옳다고 여겨 편을 듦

'지지하다'는 누군가, 무언가의 도움이나 응원 같은 거예요. 그 같은 지지로 인해 힘을 얻고 더 강해지지요. 부모님은 항상 자녀를 지지해 주세요. 야구 팬들은 대부분 자신의 지역 팀을 지지한답니다. 어려운 도전을 할 때 주위 사람들의 지지는 정말 큰 힘이 돼요. 만약 주변에 큰 결심을 한 가족이나 친구가 있다면 이렇게 말해주세요!
"I support your decision!"

예문
I support your decision.
나는 당신의 결정을 지지한다.

추가 단어 **decision** 결정

equal
동등한
자격이나 등급 등이 서로 같음

수학 시간에 '='라는 기호를 본 적 있지요? 양쪽 값이 같다는 뜻이에요. 학교 선생님께서는 이 기호를 어떻게 읽으셨나요? 아마도 "2 + 1 = 3"을 "2 더하기 1은 3"이라고 읽으셨을 거예요. 그런데 중학생이 되면 '은/는'으로 읽었던 이 기호를 'equal'이라고 읽기도 해요. 'equal'은 사람이나 물건의 가치가 '같다'라는 의미로도 쓰입니다. 여러분 주변에 서로 동등한 가치를 가진 것이 있나요?

예문

All students are equal in our school.
우리 학교의 모든 학생들은 동등하다.

치료하다
cure
병이나 다친 데를 낫게 함

'치료하다'는 질병이나 상처로부터 건강을 회복하는 것을 뜻해요. 병이 생기면 환자는 의사에게 가서 주사나 약, 수술, 물리치료 같은 방식으로 치료를 받아요. 어떤 사람들은 자연요법으로 병을 치료할 수 있다고 믿기도 해요. 또, 운동과 휴식으로 병을 치료하기도 한답니다. 마음의 상처를 입었다면 어떻게 치료할 수 있을까요? 내가 믿는 사람들과 함께 슬픔을 나누고 시간이 지나다 보면 치료되지 않을까요? 여러분은 어떻게 생각하나요?

| 예문 | Cancer can be cured.
암은 치료될 수 있다. |

| 추가 단어 | cancer 암 |

hate
싫어하다
어떤 것을 싫게 여김

'hate'는 일반적으로 몹시 싫어하는 사람이나 사물을 말할 때 쓰여요. 사람이나 상황의 경우에는 '미워하다'를 넘어 '증오하다'라는 감정까지 표현할 수 있어요. 약한 정도의 '싫어하다'라는 말을 하고 싶을 때는 'like(좋아하다)'의 반대말인 'dislike'라는 단어를 써요. 아래 예문을 볼까요? 저 말을 한 아이는 브로콜리를 정말 싫어하는 아이겠네요! 여러분은 무엇을 정말 싫어하나요?

| 예문 | **I hate broccoli.**
나는 브로콜리를 싫어한다. |
| 추가 단어 | **broccoli** 브로콜리 |

지불하다

pay

물건값이나 일한 대가를 돈으로 줌

'지불하다'는 상품이나 서비스에 대한 대가로 돈을 주는 것을 말해요. 식당에서 밥을 먹으면 음식값을 지불해야 해요. 빠른 배송을 위해 기본 택배비에 추가 비용을 지불하기도 하지요. 매달 나오는 수도 요금이나 전기 요금은 늦지 않고 제때 지불해야 돼요. 'I pay' 말고 '내가 살게'라는 뜻의 또 다른 표현으로 'It's on me'가 있어요. 친구들에게 떡볶이를 사 주고 싶다면 오늘 이렇게 외쳐 보세요. "It's on me!" 그리고 친구들에게 뜻도 알려 주세요.

예문	**I will pay for the tickets.** 표값은 내가 지불할 것이다.
추가 단어	**ticket** 표, 티켓

able
~할 수 있는
어떤 행동을 취할 수 있는

'able'은 사람이나 사물이 어떤 일을 할 수 있는 힘이나 능력을 가졌음을 설명하는 단어예요. 자전거 타는 법을 배워서 '나는 자전거를 탈 수 있다', '날개를 가진 새는 날 수 있다'처럼 표현할 수 있지요. 또한 'be able to'는 '할 수 있다'라는 뜻으로, 'can'과 바꿔 쓸 수 있답니다. 여러분은 무엇을 할 수 있나요? 친구와 서로 얘기해 보세요.

| 예문 | **I am able to swim.**
나는 수영을 할 수 있다. |
| 추가 단어 | **be able to~** ~할 수 있다 |

간주하다
regard
어떤 것을 그렇다고 여김

'간주하다'는 누군가 또는 무언가를 어떤 특정한 것으로 생각한다는 뜻이에요. 누군가는 늦잠 자는 것을 시간 낭비라고 간주해요. 어떤 사람은 본인 스스로를 위대한 예술가라고 간주하지요. 'regard A as B'는 'A를 B로 간주하다(여기다)'라는 표현이에요. 'I regard (민수) as (my best friend).' 즉, '나는 민수를 내 최고의 친구로 간주한다'처럼 쓸 수 있지요. 여러분도 괄호 안에 들어갈 말을 생각해서 한번 문장으로 만들어볼까요?

예문

I regard her as my best friend.
나는 그녀를 나의 최고의 친구로 간주한다.

care
관심을 가지다

어떤 것에 마음이 끌리고 따라가고 싶은 마음이 생김

'care'는 누군가 또는 무언가에 대한 사랑, 끌리고 따라가고 싶은 마음을 나타내는 단어예요. 책 표지를 보고 읽고 싶은 마음이 생기는 것도 관심이 있는 것이고, 다친 강아지를 보고 걱정하는 마음이 드는 것도 그 강아지를 좋아하고 사랑하는 마음, 즉 관심이 있는 것이지요. 여러분은 요즘 어떤 것에 관심이 생겼나요?

예문

I do not care.
나는 상관없어(관심 없어).

고려하다
consider

이것저것을 살피고 깊이 생각함

'고려하다'는 결정을 내리기 위해 무언가의 장단점 등을 자세히 살펴본다는 뜻이에요. 두 가지 아이스크림 중 하나를 선택해야 할 때 무엇이 더 좋은지 충분히 고려해야만 좋은 선택을 할 수 있겠죠? 비싼 물건을 사기 전에도 살지 말지 충분히 고려해야 하고요. 이처럼 결정을 내리기 전 다양한 측면을 고려하는 사람을 신중한 사람이라고 한답니다.

예문	**You should consider his feelings.** 당신은 그의 감정을 고려해야 한다.
추가 단어	**feeling** 감정

discount
할인

정해진 값보다 싸게 깎아 주는 것

엄마 아빠와 마트에 가서 '30% 할인'이라는 문구를 본 적 있나요? '할인'은 물건을 싸게 살 수 있는 특별한 기회예요. 평소에 필요했던 물건이라면 이 기회를 놓치면 안 되겠죠! 5만 원짜리 물건을 사고 싶어서 세뱃돈을 모았는데 어느 날 4만 원으로 할인해 판다는 소식을 들으면 얼마나 기쁠까요? 할인은 돈을 아낄 수 있는 깜짝 선물 같은 거예요!

예문

I have a discount coupon for the pizza place.
나는 그 피자 가게 할인 쿠폰을 가지고 있다.

추가 단어 **coupon** 쿠폰 / **pizza place** 피자 가게

촉구하다
urge
무엇인가를 강력하게 하라고 청함

'촉구하다'는 누군가에게 무언가를 하라고 강력하게 권하거나 설득하는 거예요. 나에게 중요한 일에 대해 도저히 받아들일 수 없는 결정이 내려졌을 때 '다시 한번 생각해 보기를 촉구한다'라고 표현할 수 있어요. 의사가 심각한 병을 가진 환자에게 건강을 생각해서 술과 담배를 당장 끊을 것을 촉구할 수도 있지요. 'urge'는 '충동'이라는 뜻도 있어요. 'urge to play a game'은 '게임을 하고 싶은 충동'이라는 뜻이랍니다.

예문

They urge people to save water.
그들은 사람들에게 물을 절약하라고 촉구한다.

glory
영광
자랑스럽게 빛나는 명예

'glory'는 정말로 대단한 일을 해냈을 때 받는 '명성'이나 '명예', 쉽게 말해서 메달이나 트로피 같은 것을 말해요. 올림픽 양궁 경기에서 금메달을 딴 선수는 영광스러운 순간을 누린다고 할 수 있어요. 이순신 장군께서 명량해전에서 큰 승리를 거둬 우리나라를 위기의 상황에서 구해 낸 위대한 순간도 영광이라고 표현할 수 있답니다.

예문	**The glory of victory is ours.** 승리의 영광은 우리의 것이다.
추가 단어	**victory** 승리

입양하다
adopt

남의 아이를 자신의 자식으로 삼음

'입양하다'는 아이, 애완동물 등을 가족으로 받아들이는 거예요. 아이를 낳지 못하는 부부나 더 많은 자녀를 원하는 사람들 중 일부는 부모가 없는 아이들을 자신의 친자식처럼 키우기 위해 입양을 선택해요. 입양이라는 말은 유기견, 유기묘처럼 주인 없는 애완동물을 가족으로 삼을 때도 쓸 수 있답니다. 'adopt'는 사람이나 동물을 대상으로 하면 '입양하다'라는 뜻이고, 사물이 그 대상이면 법이나 규칙 등을 공식적으로 '채택하다(고르다)'라는 뜻이에요.

예문

We decided to adopt a puppy.
우리는 강아지를 입양하기로 결정했다.

search
찾아보다
무엇을 알기 위해 살펴봄

'search'는 특정한 무엇인가를 찾는 행동이에요. 좋아하는 장난감을 잃어버렸을 때 찾으려고 자신의 방과 집 전체를 샅샅이 훑어보는 것처럼요. 컴퓨터와 인터넷에서 무엇인가를 찾을 때도 'search한다'라고 말해요. 'search'는 인터넷과 SNS에서 이뤄지는 일을 줄거리로 하는 영화 제목으로 쓰인 적도 있답니다!

예문	**They search the internet for help with their homework.** 그들은 숙제에 도움을 받기 위해 인터넷을 찾아본다(검색한다).
추가 단어	**homework** 숙제

정착하다
settle
일정한 곳에 머물러 삶

'정착하다'는 한 장소를 집으로 삼아 머무는 거예요. 요즘은 한 달 살기, 일 년 살기 등 집을 떠나 자유롭게 사는 사람들이 많아지고 있어요. 하지만 국내 여행, 세계 여행 등을 끝내고 나서 마지막에는 그중 가장 좋았던 장소에 집을 구하고 정착하더군 요. 익숙하고 편안한 장소는 사람들을 끌어들이는 매력이 있기 때문이지요. 'settle'은 'solve'와 비슷한 '해결하다'라는 뜻도 있어요.

예문

Some animals settle in the mountains.
일부 동물은 산에 정착한다.

sure

확신하는

굳게 믿는

'sure'는 무언가를 강력하게 믿는다는 뜻이에요. 잠들기 전, 엄마가 "숙제했니?" 라고 물어보셨을 때 "Sure!"라고 대답했다면 의심할 필요도 없이 정말로 숙제를 했다는 의미를 담고 있어요. 그런데 우리 친구도 오늘 숙제 다 했나요? 그렇다면 "Sure!"이라고 외쳐 주세요!

예문	**Are you sure?**
	확신하니?

매력

charm

사람의 마음을 잡아끌어 홀리는 힘

'매력'은 사람들이 나를 좋아하게 만드는 무언가를 뜻합니다. 미소가 매력적이라든가 목소리가 매력인 것처럼요. 어떤 외모를 가지고 있든, 키가 크든 작든 사람에게는 각기 다른 다양한 매력이 있어요. 똑똑한 사람은 자신만의 매력을 찾아서 그 매력이 더 빛나도록 하기 위해 노력하지요. 자신이 가진 단점에 집중하면 절대로 매력적인 사람이 될 수 없어요. 여러분은 어떤 매력을 가진 사람인가요?

예문

Your smile has a special charm.
당신의 미소에는 특별한 매력이 있다.

empty
비어 있는

일정한 공간에 사람, 사물 등이 아무것도 없는 상태

'empty'는 가득 차 있던 쿠키 통의 쿠키를 전부 먹어 버렸을 때처럼 아무것도 남아 있지 않은 상태를 말해요. 원래 무엇인가가 있었지만 지금은 없는 상태이지요. 'empty'와 비슷한 뜻을 가진 단어로 'vacant'가 있어요. 외국 비행기나 기차 등의 화장실 앞에 이 단어가 씌어 있는 것을 봤을 거예요. 그 공간을 아무도 사용하지 않아서 지금 비어 있다는 뜻이지요. 어때요? 이 단어를 배웠으니, 이제 해외에서 화장실을 사용할 때 실수하지 않겠지요?

예문
After school, the classroom was empty.
학교 끝난 뒤, 교실은 비어 있었어.

추가 단어 **after school** 학교 끝난 후(방과 후)

초래하다
cause

어떤 결과를 가져옴

'초래하다'는 어떤 일이 일어나게 만드는 거예요. 비슷한 의미의 한글 단어로 '야기하다'가 있어요. 어려운 한자어로 이뤄진 단어이지만 그 뜻은 그렇게 어렵지 않아요. '담배를 피우는 것은 건강 문제를 초래할 수 있다', '게으름은 불행을 야기한다'처럼 쓰이지요. 영어를 잘하기 위해서는 영단어를 많이 아는 것도 중요하지만, 우선 우리말 어휘의 뜻을 제대로 이해하는 것이 더 중요해요. 그래야만 국어도, 영어도 잘할 수 있게 된답니다.

예문	**Are you causing trouble again?** 당신은 또 문제를 초래하고 있나요?
추가 단어	**trouble** 문제

crash
충돌하다
물체가 서로 세게 부딪침

뉴스에서 갑자기 커다란 소리가 나면서 사람이 다치거나 물건이 부서지는 사고가 일어나는 장면을 본 적 있을 거예요. 'crash'는 이런 상황에서 쓰는 단어예요. 특히 자동차 사고에 많이 사용되는 단어이지요. 'crash'의 한글 뜻인 '충돌하다'와 비슷한 단어로 '추돌하다'가 있어요. 자동차나 기차가 뒤에서 들이받는다는 뜻이에요. 교통사고라는 중요한 상황에 관계된 단어인 만큼 그 뜻을 정확하게 알아야 해요.

예문	**I saw two cars crash yesterday.** 나는 어제 두 대의 차가 충돌하는 것을 보았다.
추가 단어	**saw** '보다(see)'의 과거형 / **yesterday** 어제

헌신하다
devote

일이나 남을 위해 몸과 마음을 바쳐 정성을 다함

'헌신하다'는 어떤 일이나 사람에게 시간, 노력 등을 바친다는 의미예요. 더 나은 세상을 위해 자신의 삶을 헌신하는 분들이 있어요. 아프고 가난한 사람들을 위해 의료 봉사를 하는 분들이나 자신의 전 재산을 기부하는 분들처럼. 인류를 위해 질병 치료법을 연구하는 데 평생을 헌신하는 분들도 있답니다. 부모님도 여러분을 잘 키우기 위해 매일 헌신하고 계세요. 여러분은 장차 어른이 되면 누구를 위해서 무엇을 헌신하는 사람이 되고 싶나요?

예문

She devoted her life to education.
그녀는 자신의 삶을 교육에 헌신했다.

pride
자부심
스스로 자랑스럽게 여기는 마음

'pride'는 스스로 생각할 때 정말 대단한 일을 해냈다고 느끼는 감정이에요. 지난 한 달 동안 매일 아침 7시에 일어나는 것을 꾸준히 연습해서 지금은 누가 깨우지 않아도 7시에 일어날 수 있게 되었다면 그것 자체에 자부심이 느껴질 거예요. 자부심은 나를 한 뼘 더 성장하게 해 준답니다. 여러분은 무엇에 자부심을 느끼고 있나요?

예문

I feel pride when I help my friends.
나는 친구들을 도울 때 자부심을 느낀다.

언쟁하다
quarrel

말다툼함

'언쟁하다'는 누군가와 격렬하게 말로 의견 충돌을 벌이는 것을 뜻해요. 요즘은 아파트 층간 소음 때문에 이웃들끼리 언쟁을 벌이는 일이 많지요? 형제자매끼리도 사소한 일로 자주 언쟁을 벌여요. '언쟁'에서 '언言'은 우리가 하는 '말'이라는 뜻의 한자고, '쟁爭'은 '다투다'라는 뜻의 한자예요. 우리말에는 이렇게 한자어로 이루어진 단어가 정말 많답니다. 여러분이 한자의 의미를 조금만 알면 한글 어휘를 이해하는 데 큰 도움이 될 거예요.

예문

I do not want to quarrel with you.
너와 언쟁하고 싶지 않다.

soon

곧

시간을 끌지 않고 바로

'soon'은 얼마 지나지 않아 일어날 일을 이야기할 때 쓰는 단어예요. 한글 단어로는 '곧바로', '금방', '금세'로 바꿔 쓸 수 있지요. 'soon'이라는 단어를 들으면 며칠 앞으로 다가온 크리스마스나 생일 전날처럼 설레는 마음이 들어도 돼요! 곧 기다리던 일이 벌어질 테니까요! 지금 여러분의 눈앞에서 여러분을 설레게 하는 소식은 무엇인가요?

예문	**See you soon!** 곧 봐!

추측하다

guess

미루어 생각함

'추측하다'는 충분한 정보 없이 미루어 짐작하는 거예요. 서양 사람들은 동양인들의 외모만 보고 나이를 짐작하기 힘들어해요. 미각이 발달한 사람들은 식당에 가서 음식을 먹으며 어떤 재료가 들어갔는지 추측해요. 그 추측을 바탕으로 집에서 그 음식을 똑같이 만들어 먹을 수 있다면 얼마나 좋을까요? 영어에서 흔하게 들을 수 있는 표현 중 하나로 'Guess what?(무엇인지 추측해 봐)'이 있어요. 우리말로는 '있잖아, 뭐게?' 정도로 해석할 수 있어요.

예문
Can you guess my favorite color?
내가 가장 좋아하는 색깔을 추측할 수 있나요?

추가 단어
favorite 가장 좋아하는

★ 태형 쌤의 영어 공부 꿀팁 ★
영어 실력 키우기

영어 실력 빨리 느는 방법

영어를 잘하고 싶은데 생각처럼 빨리 실력이 늘지 않아 답답한 친구들 많지? 지금부터 조금 더 빨리 실력이 늘어날 수 있는 방법을 쌤이 알려 줄게! 효과적인 영어 공부를 위해서 가장 먼저 알아야 하는 중요한 사실은 바로 영어가 '언어'라는 거야. 우리는 '한국어'라는 언어의 원어민이라서 태어난 뒤 무수히 많은 한국어 글과 말을 보고 들으며 자라 왔어. 그래서 특별히 공부하지 않아도 자연스럽게 한국어가 우리 머릿속에 저장되고 쌓여 왔지. 이걸 바로 '습득'이라고 해. 언어를 학습할 때 가장 중요한 방법은 바로 이 습득이야. 자, 그럼 쌤이 퀴즈를 내 볼게. 우리 같이 맞혀 볼까?

Q. 다음 중 영어를 가장 효과적으로 습득하고
공부할 수 있는 환경은 무엇일까?

1. 주 2일 하루 3시간씩 영어 공부하기
2. 주 3일 하루 2시간씩 영어 공부하기
3. 주 6일 하루 1시간씩 영어 공부하기

정답은 3번이야. 맞힌 친구들, 손! 3번이 답인 이유는 매일 조금씩 영어를 읽고 듣는 것이 훨씬 습득하기 좋은 환경이면서 기억이 오래 저장되는 효과적인 방법이기 때문이지. 습관이 되면 더 쉬워지거든. 오늘부터는 영어 읽기든 숙제든 하루에 몰아서 하는 잘못된 습관을 버리고 매일 짧은 시간이라도 꾸준히 할 수 있도록 계획을 바꿔 보자. 이 일력 책이 매일 공부하는 습관을 들이는 데 큰 도움이 될 거야!

전략
strategy
싸움이나 경쟁에서 이기기 위해 세우는 계획

'전략'은 특정한 목표를 이루거나 문제를 해결하기 위한 계획 또는 방법이에요. 무슨 일이든 잘하려면 전략이 필요해요. 게임을 잘하려면 전략 없이 그냥 닥치는 대로 해서는 안 돼요. 전쟁에서 이기기 위해 장군은 장교들과 군사 전략을 논의해요. 스포츠 팀 감독과 코치도 경기에서 우승하기 위해 새로운 전략을 짜내지요. 회사들은 상품 판매를 늘리기 위해 각자 전략을 마련합니다. 여러분은 공부를 잘하기 위해 어떤 전략을 가지고 있나요?

예문

A good study strategy helps me.
좋은 공부 전략은 나에게 도움을 준다.

Day 031 ~ Day 060

In doing we learn.

우리는 행하면서 배운다.

Day 333 ~ Day 365

No pain, No gain.

고통 없이는 얻는 것도 없다.

cancel

취소하다

하기로 하거나 약속한 일을 없었던 것으로 함

여행을 떠나기 전, 우리는 기차나 비행기, 숙소를 예약해요. 'cancel'은 이런 때 꼭 알아 두어야 하는 단어예요. 일이 꼭 생각대로 되는 것은 아니거든요. 예상하지 못한 어떤 이유로 취소해야 할 수도 있어요. 이때 꼭 알아 두어야 할 게 있어요. 취소했을 때의 환불(돈을 돌려받는 것) 조건이에요. 제대로 알지 못하면 손해를 볼 수도 있거든요. 부모님과 여행할 계획이라면 취소와 환불 조건을 관심 있게 살펴보세요!

| 예문 | **She will cancel the party.**
그녀는 파티를 취소할 것이다. |

★ 태형 쌤의 영어 공부 꿀팁 ★
문해력 키우기

영어 문해력 고수가 되는 비법!

영어를 한글로 바꿔 놓는 걸 '해석'이라고 해. 그런데 해석이 곧 이해는 아니야. 해석했다고 해서 그 내용을 다 이해했다는 의미는 아니라는 거지. 제대로 이해하기 위해서는 영어 문해력이 필요하단 말씀! 영어 문해력 고수가 되기 위한 두 가지 공부법을 소개할게.

1. 읽기의 목적은 주제 찾기

한글이든 영어든 글을 읽을 때는 주제를 찾는 습관을 들여야 해. 주제란 글쓴이가 글을 통해 말하고 싶은 중심 생각을 의미해. 아무리 한 문장 한 문장 정성 들여 읽고 이해해도 글의 주제를 찾지 못하면 결국 읽기는 반쪽짜리밖에 될 수 없어. 어떤 종류의 글이든 읽고 나면 주제가 무엇인지 적어 보는 습관을 갖자. 중고등학생이 되면 모든 시험 문제의 핵심이 바로 주제라는 사실을 잊지 마!

2. 어휘 & 배경지식 노트 만들기

문해력은 결국 어휘력과 배경지식의 싸움이야. 글의 내용을 제대로 이해하기 위해서는 이 두 가지가 꼭 필요해. 그런데 한 번 본다고 해서 모든 것을 다 기억할 순 없잖아. 그래서 나만의 노트가 필요해. 오늘 읽고 배운 어휘나 배경지식을 나만의 문해력 노트에 간단히 기록해 놓는 거야. 네이버 사전의 단어장 기능을 활용해 보는 것도 좋아.

cost
비용이 들다
어떤 일을 하는데 돈이 듦

'cost'는 쇼핑할 때 꼭 알아 두어야만 하는 단어예요. 무언가를 살 때 얼마를 내야 할지 알려 주거든요. 장난감 가게에 갔는데 물건 가격이 적혀 있지 않다면 아래 예문처럼 "이것은 얼마입니까?"라고 물어봐야겠지요? 'cost'라는 단어와 뜻, 아래 예문까지 잘 익혀 두면 해외에 나가더라도 상점에서 당당하게 물건을 살 수 있을 거예요!

예문

How much does it cost?
그것은 얼마입니까?

자백하다
confess
자기 잘못을 스스로 말함

'자백하다'는 비밀을 말하거나 내가 잘못한 것을 인정하는 행동이에요. 보통 거짓말을 하고 그것을 솔직하게 인정하는 것을 자백했다고 하지요. 뉴스나 드라마, 영화에서 "오랜 수사 끝에 용의자(범죄를 저질렀다고 의심되는 사람)가 자신의 죄를 자백했다"는 말이 나오지요. 시험에서 부정행위를 한 후 죄책감에 자신의 나쁜 행동에 대해 자백할 수도 있어요. 자신의 잘못을 인정하고 자백하는 것은 대단히 훌륭한 행동이에요. 대부분의 사람들은 남 탓 하기 바쁘거든요.

예문	**He confessed his crime.** 그는 자신의 범죄를 자백했다.
추가 단어	**crime** 범죄

climate

기후

일정한 곳에서 여러 해에 걸쳐 나타나는 날씨

뉴스에서 '기후 변화'라는 말을 들어 봤나요? 'climate'는 여기 쓰인 '기후'라는 단어를 뜻해요. 그렇다면 '기후 변화'는 영어로 어떻게 표현할까요? 그렇죠. 'climate change'예요. 우리 지구의 날씨는 매년 조금씩 변화하고 있어요. 앞으로 5년 후 5월, 9월의 날씨는 어떨까요? 쾌적한 환경에서 건강하게 살기 위해선 기후 변화에 관심을 가져야 해요. 'climate change' 말이죠.

예문	**I like a warm climate.** 나는 따뜻한 기후를 좋아한다.
추가 단어	**warm** 따뜻한

관습
custom

어떤 사회에 오랫동안 전해 내려온 익숙한 행동

'관습'은 한 집단이 오랜 기간에 걸쳐 발전시킨 집단적인 습관이에요. 설날에 세배하는 것은 한국인의 관습이에요. 미국에서는 핼러윈에 호박을 조각하고 사탕을 나눠 주는 관습이 있어요. 이처럼 나라마다 각기 다른 관습이 있답니다. 어떤 나라는 신발을 신고 집 안에 들어가기도 하고, 길에서 음식 먹는 것을 싫어하기도 해요. 우리나라만의 고유한 관습에는 어떤 것들이 있을까요?

예문	**Shaking hands is a common custom.** 악수는 흔한 관습이다.
추가 단어	**shaking hands** 악수 / **common** 흔한

damage
피해

신체, 정신, 재물상의 해를 입음

'damage'는 '피해', '손해'를 뜻하는 단어예요. "damage를 입었다"라는 말을 들어 봤을 거예요. 한 예로, 우리나라에는 매년 여름과 가을 사이에 태풍이 불어닥쳐 전국적으로 많은 신체적(몸이 다침), 정신적(마음이 다침), 재물(물건, 재산)상의 손해를 입히곤 하지요. '손해'는 나쁜 일을 당해서 재산이 줄거나 없어지는 것을 의미해요. 이 단어도 같이 알아 두세요!

예문

The typhoon left a lot of damage in Korea.
태풍이 한국에 많은 피해를 남겼다.

추가 단어

typhoon 태풍 / **left** '남기다(leave)'의 과거형
/ **a lot of** 많은

신용
credit

믿고 돈을 빌려줄 만한 재산 등의 뒷받침

'신용'은 돈을 빌린 사람이 나중에 갚을 것이라고 믿는 거예요. '외상으로 샀다'는 말은 신용을 바탕으로 지금 돈을 내지 않았는데도 물건을 준다는 뜻입니다. 학자금 대출금이나 자동차 대출금을 모두 갚으면 금융기관에서의 내 신용도는 올라가요. 착실하게 돈을 다 갚았다는 뜻이니까요. 신용이란 표현을 가장 많이 듣는 게 무엇일까요? 바로 신용카드예요. 신용카드는 일단 지금 물건을 사고 나중에 돈을 갚는 후불제 형식의 지불 수단입니다.

예문	**My mom pays with her credit card.** 엄마는 신용카드로 지불한다.
추가 단어	**pay** 지불하다

cheer
응원하다
어떤 일을 잘할 수 있도록 힘을 북돋워 줌

'cheer'는 누군가를 힘내게 하고 싶을 때 사용하는 단어예요. 체육 시간에 두 팀으로 나눠 경기를 하면 각자 자기 팀을 응원하지요? "이겨라! 이겨라!" 소리치다가 누가 득점이라도 하면 벌떡 일어나 손뼉을 치며 기뻐할 거예요. 그 응원의 힘으로 경기를 뛰는 선수들은 힘이 날 거고요. 우리 편에게 힘을 실어 주고 싶나요? 그렇다면 "Cheer up!"이라고 외쳐 보세요. 그리고 여러분도 "Cheer up!" 선생님이 응원할게요!

예문	**Let us cheer for our team.** 우리 팀을 응원하자.
추가 단어	**cheer for~** ~를 응원하다

순종하다
obey
남의 뜻에 순순히 따름

'순종하다'는 규칙을 따르거나 시키는 대로 한다는 뜻이에요. 군인들은 상관의 명령에 순종합니다. 놀이동산에서 롤러코스터처럼 조금 위험한 놀이 기구를 탈 때는 안전 수칙을 지키라는 안전 요원의 말에 순종해야 해요. 개는 자신을 길러 준 인간에게 순종하지요. 신을 믿는 사람은 그 신의 말씀에 순종하고, 인간은 자연의 법칙에 순종하며 살고 있답니다. '순종하다'가 어떤 뜻인지 완벽하게 이해했지요?

예문

Dogs obey their owners.
개는 주인에게 순종한다.

추가 단어 **owner** 주인

alive
살아 있는
죽지 않고 생명을 지니고 있는

'alive'는 '살아 있는'이라는 뜻의 단어예요. 반대말은 'dead(죽은)'이지요. 'alive'와 뜻은 같지만 쓰임이 다른 단어로 'living'이 있어요. '살아 있는 물고기'라고 쓸 때는 'living fish'라고 쓰지 'alive fish'라고는 쓰지 않아요. 'alive'는 아래 예문처럼 be 동사(is)와 함께 쓰인답니다.

예문	**The dinosaur is not alive.** 공룡은 살아 있지 않다.
추가 단어	**dinosaur** 공룡

저작권
copyright
글, 그림, 노래 등을 만든 사람이 만든 사람으로서 갖는 힘

'저작권'은 내가 만든 것을 함부로 사용하거나 다른 사람에게 퍼뜨리는 것을 막을 수 있는 법적 권리예요. 내가 저작권을 가지고 있으면 마음대로 그것을 사용하거나 복사할 수 없어요. 내가 그린 강아지 그림을 SNS에 올렸는데 누군가 내 허락 없이 그 그림이 프린트된 티셔츠를 만들려고 한다면 나는 신고할 수 있어요. 저작권을 어기는 행동은 법을 위반하는 일이거든요. 저작권이 있는 책이나 영화, 음반 등을 함부로 복사하거나 복제하면 안 돼요. 알겠죠?

예문

The book has a copyright.
그 책은 저작권이 있다.

annual
매년의
한 해 한 해의

'annual'은 한 해 한 해, 즉 '해마다'라는 뜻을 가진 단어예요. 매일, 매주, 매월이라는 단어도 함께 알면 좋겠지요? 매일은 'daily', 매주는 'weekly', 매월은 'monthly'라고 써요. 혹시 자기 주도 학습을 위해 스케줄러를 쓰는 학생, 있나요? 그렇다면 이 단어들을 스케줄러에서 본 적 있을 거예요. 매일 스케줄러를 쓰면서 좋은 습관을 만들면 매년 성장하는 자신의 모습을 기대해 볼 수 있을 거예요! 우리 모두 힘내자고요. "Cheer up!"

예문 **Our city has an annual K-pop show.**
우리 도시에서는 매년 케이팝 쇼가 열린다.

치유하다
heal

몸이나 마음의 병을 낫게 함

'치유하다'는 신체적, 정신적인 병이나 고통을 겪은 후 나아지는 과정을 뜻해요. 웃음은 우울하고 힘든 마음을 치유하는 최고의 약이에요. 스트레스로 인한 건강 악화는 몸과 마음의 휴식으로 치유될 수 있어요. '시간이 약이다'라는 말이 있지요. 시간은 이별의 아픔을 치유해 주고, 몸에 난 상처도 낫게 해 주기 때문이에요. 나는 몸과 마음을 다쳤을 때 무엇으로부터 치유를 받나요? 가족들의 사랑? 친구들의 위로?

예문

Time can heal many things.
시간은 많은 것들을 치유할 수 있다.

attack
공격하다
적을 물리침

'attack'은 누군가, 무언가가 상대를 다치게 한다는 의미예요. 전쟁에서 적을 물리치기 위해 행동하는 것도 공격이고, 운동 경기에서 상대편을 이기기 위해 행동하는 것도 공격이에요. 행동뿐만 아니라 말로도 공격할 수 있어요. 만약에 누군가 나를 공격하면 우리는 어떻게 해야 할까요? 아래 예문처럼 개가 공격하면요? 도망가는 등 방어해야겠지요. '방어하다'는 영어로 'defend'라고 합니다.

예문	**Be careful, the dog can attack.** 조심해. 그 개가 공격할 수 있어.
추가 단어	**careful** 조심하는

무작위의

random

일정한 기준이 없는

'무작위의'는 일정한 기준, 계획, 이유 없이 발생하는 것을 의미해요. 여러 색깔 구슬이 담겨 있는 상자에서 눈을 감고 구슬 하나를 고르는 것을 무작위로 선택했다고 해요. 무작위로 숫자를 골랐다는 것은 아무 숫자나 골랐다는 의미예요. 게임을 할 때 캐릭터를 랜덤으로 고르거나 선물 선택을 랜덤으로 했다고 하지요. 이때의 랜덤이 바로 'random'이에요. '무작위'는 '임의의'라는 말과도 같은 뜻이니 이 기회에 함께 알아 두세요.

예문	**I picked a random number.** 무작위로 숫자를 골랐다.
추가 단어	**pick** 고르다

borrow
빌리다

나중에 돌려주기로 하고 남의 것을 가져옴

생존 영어, 즉 살아남기 위한 영어에서 가장 중요한 표현은 무엇일까요? 바로 'borrow'라는 단어를 잘 사용하는 것 아닐까요? 꼭 필요하지만, 내가 가지고 있지 않은 물건을 다른 사람에게 빌리려면 'borrow'를 써야 하거든요. 하지만 이 단어만 쓰면 빌려주지 않을지도 몰라요. 'please'라는 표현을 반드시 함께 써 주세요! 간절한 표정을 지으면 더 좋겠지요?

예문 | **Can I borrow your umbrella?**
내가 너의 우산을 빌려도 될까?

추가 단어 | **umbrella** 우산

수락하다

accept

남이 하자는 것을 들어줌

'수락하다'는 어떤 제안을 받아들이거나 동의하는 거예요. 친구가 생일 파티에 초대했을 때 "가겠다!"고 답하는 것은 그 제안을 수락하는 것이랍니다. 어떤 모임에서 사람들이 나를 대표로 추천할 때 "내가 대표가 되겠습니다"라고 하면 대표직을 수락하는 거예요. 앞에서 공부한 "내 사과를 받아 주세요"라는 표현, 기억나나요? 바로 "Please accept my apology"이지요. 글자 그대로 옮기면 "내 사과를 수락해 주세요"라는 의미예요.

예문	**I accept your offer.**
	당신의 제안을 수락합니다.

추가 단어 **offer** 제안

detail

세부 사항

자세한 내용

'detail'은 '자세한 내용'이라는 뜻이에요. 직소 퍼즐을 떠올려 보세요. 퍼즐의 각 조각은 'detail'이라고 할 수 있어요. 'detail'을 전부 모으면 전체 그림이 무엇인지 알 수 있겠죠? 그만큼 'detail'이 중요하다는 것을 꼭 알았으면 좋겠네요!

예문

Read the book for more details.
더 자세한 내용을 알고 싶다면 책을 읽어 보세요.

정리하다, 배열하다

arrange

여러 가지를 어떤 기준에 따라 질서 있게 만듦

'정리하다, 배열하다'는 특정한 순서대로 물건을 위치시키는 것을 뜻해요. 정리나 배열의 기준은 여러 가지가 있을 수 있어요. 책은 제목 순, 크기 순, 자주 보는 순으로 정리할 수 있겠죠? 'arrange'는 또한 '편곡하다'라는 뜻도 있어요. 특정한 기준에 맞춰 음을 위치시키는 편곡은 기본적인 멜로디는 그대로 가져가면서 음을 다양하게 정리, 배열하지요. 같은 노래라도 편곡에 따라 다르게 느껴지는 건 바로 이런 이유 때문이에요.

예문	**Can you arrange the books on the shelf?** 책장의 책을 정리해 주실 수 있나요?

추가 단어	**shelf** 선반

enough
충분한

필요한 만큼 쓰고도 남을 만큼 넉넉한

'enough'은 부족하거나 모자라지 않으며 필요한 만큼 충분히 있다는 의미예요. "충분히 먹어서 이제 배가 불러!", "그 애는 시험공부를 충분히 하지 않아서 성적이 좋지 않은 거야"처럼 말이지요. 미국인들은 "Enough is enough"이라는 표현을 많이 써요. 한국말로 하면, "그만해! 그만하면 충분해!" 정도가 되겠네요.

예문

We do not have enough time.
우리는 충분한 시간이 없다.

은퇴하다
retire

하던 일을 그만두고 한가히 지냄

'은퇴하다'는 나이 때문에 오랫동안 하던 일을 그만두는 것을 의미해요. 사람들은 보통 일을 그만둘 생각을 할 정도로 나이가 많거나 일하지 않아도 남은 인생을 사는 데 충분한 돈이 모였을 때 은퇴를 생각하게 돼요. 하지만 최근에는 젊은 사람들도 여러 가지 이유로 일찍 은퇴를 한답니다. 은퇴한 후에는 일 외의 활동을 즐기거나 휴식을 취하는 경우가 많아요. 시작이 있으면 언제나 끝이 있는 법이지요.

| 예문 | **My grandfather will retire next year.**
할아버지는 내년에 은퇴하실 것이다. |

추가 단어 **next year** 내년

save
구조하다

재난 등으로 목숨이 위태롭거나 어려움에 빠진 사람을 구함

'save'는 해를 입거나 위험에 처한 사람이나 사물을 구한다는 의미예요. 아래 예문처럼 안전 요원이 자칫 익사할 수도 있었던 아이를 구조해서 불행한 일을 막는 것 같은 경우이지요. 'save'는 또한 '모으다', '저장하다'라는 뜻으로도 쓰여요. '용돈을 모으다', 내일 먹기 위해 '쿠키를 남겨 두다(저장하다)', 방의 불을 꺼서 '에너지를 절약하다(저장하다)'처럼 활용할 수 있어요.

예문	**The lifeguard saved the child.** 안전 요원이 그 아이를 구조했다.
추가 단어	**lifeguard** 안전 요원

전환하다
switch
방향이나 상태 등을 바꿈

'전환하다'는 어떤 것에서 다른 것으로 바꾸는 것을 뜻해요. TV 채널을 바꾸는 것도 전환하는 거예요. 영화를 보러 갔을 때, 영화가 시작되기 전에 휴대폰 소리를 진동이나 무음으로 바꾸는 것도 전환한다고 하지요. 'a light switch'처럼 쓰이기도 해요. 여기서는 우리가 잘 아는, 불을 켰다가 끄는 장치인 그 '스위치'를 뜻해요. 켜진(On) 상태에서 꺼진(Off) 상태로 전환하기 때문에 전기 스위치라고 하는 것이지요.

예문	**I decided to switch jobs.** 나는 직장을 전환하기로 결정했다.
추가 단어	**decide to~** ~하기로 결정하다 / **job** 직장, 일자리

present
출석한

수업이나 모임 등에 나감

'present'는 '지금 특정한 장소에 있다'는 의미예요. 지금 그곳에 없다면 결석했다는 뜻이겠지요. 'present'는 이밖에도 다양한 뜻이 있어요. 우리가 좋아하는 '선물'이라는 뜻도 있고, '상장을 주다' 할 때의 '주다'라는 뜻도 있답니다. 그런데 신기한 것은 같은 단어인데 뜻에 따라 발음이 달라진다는 거예요! 신기하죠? 어떻게 다른지 사전에서 확인해 보세요!

예문	**All students are present today.** 오늘은 모든 학생들이 출석했다.

연장자
elder
나이가 많은 사람

'연장자'는 나보다 나이 많은 사람을 가리켜요. 형, 오빠, 언니, 누나라고 부를 수 있는 사람이나 아저씨, 아주머니, 할머니, 할아버지 모두 연장자라고 할 수 있지요. 연장자는 나이가 많은 것은 물론 경험도 많고 지혜롭기도 해서 사람들에게 존경을 받아요. 한국은 연장자에게 예의를 갖춰야 하는 문화가 있어서 식사할 때 할아버지, 할머니가 먼저 드신 후 수저를 든다든지, 동네에서 어르신을 만나면 인사를 드린다든지 하는 것을 기본 예의라고 생각한답니다.

예문

He is village elder.
그는 마을 연장자다.

mental
정신의
사물을 느끼고 생각하며 판단하는 능력의

'mental'은 생각, 상상력, 감정 등 우리 머릿속에서 일어나는 모든 것을 뜻해요. 꿈을 꾸는 것도 정신의 작용이에요. 퍼즐이나 수수께끼, 수학 문제를 풀 때도 정신이 필요하지요. 그렇다면 '정신의'의 반대말은 무엇일까요? '육체의'겠지요? 영어로는 'physical'이라고 해요. 우리는 보통 운동을 많이 해서 근육이 붙은 건강한 몸을 보고 'physical이 좋다'라고 표현하지요.

| 예문 | **Mental health is very important.**
정신 건강은 매우 중요하다. |
| 추가 단어 | **health** 건강 |

초과하다
exceed

일정한 수나 한도를 뛰어넘음

'초과하다'는 특정 숫자나 금액 등이 어떤 기준을 넘는 것을 뜻해요. 비슷한 말로 '이상이다'라는 말도 있어요. 수학 시간에 이 말을 배운 친구들도 있을 거예요. 1~10까지의 숫자 중 '4 초과'라고 하면 4를 제외한 5~10까지의 숫자를, '4 이상'이라고 하면 4를 포함한 4~10까지의 숫자를 말한답니다. 실생활에서 사용되는 예를 들어 볼까요? '제한속도를 초과했다', '파티에 참석한 사람 수가 계획보다 초과되었다'처럼 쓸 수 있어요.

예문	The car did not exceed the speed limit.
	그 차는 제한속도를 초과하지 않았다.

추가 단어 **speed limit** 제한속도

straight
똑바로

한쪽으로 기울거나 치우치지 않고 곧게

'straight'는 구부러지거나 휘지 않고 한 방향으로 직진, 즉 일직선으로 간다는 뜻이에요. 마치 화살표(→)처럼요! 이 단어는 특히 우리가 낯선 곳에서 길을 물을 때 자주 들을 수 있어요. "이 길을 따라 똑바로 가세요!", "쭉 가세요!"라고 알려 줄 때, 영어로 "Go straight"라고 하거든요. 길을 걷다가 만난 외국인이 길을 물어보는데 그 장소가 똑바로 가면 될 때, 한번 그렇게 말해 보는 건 어떨까요?

예문

He has straight hair.
그는 곧은 머리카락을 가지고 있다.

호위하다

escort

중요한 사람을 가까운 거리에서 돌보고 지킴

'호위하다'는 누군가의 안전을 위해 특정 장소까지 같이 가는 것을 뜻해요. 거리에서 힘들어 보이는 할머니, 할아버지를 만나면 버스 정류장까지 호위해 드릴 수 있어요. 'celebrity(유명인)'가 경호원이나 경찰들의 호위를 받으며 이동하는 모습을 뉴스에서 많이 봤을 거예요. 뉴스나 영화에서 검은 양복에 짙은 색 선글라스를 쓰고 귀에 이어폰 같은 걸 낀 채 주위를 살피는 사람들을 본 적 있지요? 이들은 'V.I.P(Very Important Person)'의 안전을 지키는 일, 즉 호위를 해요.

예문
They escort the president.
그들은 대통령을 호위한다.

추가 단어 **president** 대통령

follow
따라가다
남이 가는 대로 감

'follow'는 누군가 또는 무언가를 따라간다는 뜻이에요. 동화 <미운 오리 새끼>, 알지요? 아기 오리는 항상 어미를 쫓아다니잖아요. 그 행동이 바로 'follow'예요. 최근 SNS와 관련돼 '팔로워'라는 말을 자주 듣지요? 팔로워는 'follow + er', 쉽게 말해 '따르는 사람'이라는 뜻이에요. 여러분은 누구를 'follow'하고 있나요? 여러분은 누구의 'follower'인가요?

예문

I will follow you.
너를 따라갈게.

자발적인
voluntary
스스로 나서서 하는

'자발적인'은 누가 시키거나 돈을 받아서 하는 게 아니라 스스로 선택해서 하는 행동을 말해요. 아무런 대가 없이 자신의 시간과 노동력을 제공하는 자원봉사를 'voluntary work'라고 해요. 무슨 일이든 자발적인 마음으로 해야 의욕도 생기고 효과도 더 좋은 법이에요. 운동도, 공부도, 심지어 게임도 남이 시켜서 하는 건 큰 재미도 없고 성과도 나지 않는답니다. 지금 여러분은 자발적으로 하고 싶은 것들이 있나요?

예문

It was a voluntary choice.
그것은 자발적인 선택이었다.

just
방금, 막
바로 지금

'just'는 '조금 전', '아주 최근'이라는 의미의 단어예요. 조금 전에 숙제를 마쳤는데 방문을 열고 들어오신 부모님이 "숙제는 끝냈니?"라고 물어보신다면 "네, 지금 막 (방금) 끝냈어요!"라고 답할 수 있겠지요? 바로 그때 'just'라는 단어를 쓸 수 있어요. 'just'는 또한 '겨우(only)'라는 뜻도 있어요. "나는 그 시험에 겨우 통과했어"라고 말할 때 'just'를 쓸 수 있답니다.

| 예문 | **He just left.**
그는 **방금** 떠났다. |

의도하다
intend

무엇을 하려고 생각하거나 계획함

'의도하다'는 어떤 목적이나 목표를 생각하고 이를 이루기 위해 미리 행동하는 거예요. 도로표지판은 자동차 운전자와 보행자 등에게 사고가 나지 않도록 주의를 주기 위한 의도로 만들어졌지요. 다소 진지한 영화 중간에 웃기는 장면을 넣는 것은 관객들이 예상하지 못한 곳에서 재미를 느끼도록 하기 위한 감독의 의도일 가능성이 높아요. 'intend to~'는 '~하려고 하다'라는 의미예요. 별생각 없이 무심코 하는 행동이아니라 무엇인가 의도적으로 한다는 뜻이지요.

예문	**I did not intend to hurt you** 당신에게 상처를 주려고 의도한 건 아니었다.
추가 단어	**hurt** 상처 주다

stress

강조하다

어떤 것을 강하게 말하거나 두드러지게 함

'stress'는 특정한 것이나 부분이 '매우 중요하다'는 뜻이에요. 수업 시간에 선생님께서 "이 부분은 매우 중요하니 밑줄을 그어라"라고 말씀하시지요? 이게 바로 '강조하는' 거랍니다. 'stress'에는 다른 뜻도 있어요. 어른들이 "아, 스트레스 받아!"라고 말하는 것을 들어 봤나요? 그때의 '스트레스'도 영어로 'stress'라고 쓴답니다.

예문 **Teachers stress the importance of homework.**
선생님들이 숙제의 중요성을 강조한다.

추가 단어 **importance** 중요성

신성한
holy
매우 위대하고 귀한

'신성한'은 신처럼 위대하고 귀한 존재로, 존경과 우러름을 받을 만하다는 뜻이에요. 항상 종교적인 의미를 갖는 것은 아니지만 대개 종교와 관련된 표현에 쓰여요. 성경은 영어로 'holy book'이라고 해요. 말 그대로 '신성한 책'이라는 뜻이지요. 교회는 '신성한 장소', 찬송가는 '신성한 노래'라고 표현하기도 해요. 어떤 모습을 보고 깜짝 놀랐을 때는 "Holy Moly!", "Holy Cow!(어머나, 세상에!)"라고 말하지요.

| 예문 | **This is a holy place.**
이곳은 신성한 장소다. |
| 추가 단어 | **place** 장소 |

afraid

무서워하는

무섭게 여기는

'afraid'는 두려움을 느끼거나 무언가를 무서워할 때 쓰는 단어예요. 뜻이 비슷한 단어로 'scared'가 있어요. 'afraid'는 보통 'be afraid of~(~을 무서워하다)' 형태로 사용해요. 아래 예문 속 친구는 거미가 무섭다고 하네요. 여러분은 무엇이 무서운가요? 혹시 귀신, 유령(ghost)이 있다고 믿나요?

예문	**I am afraid of spiders.** 나는 거미가 무서워.
추가 단어	**spider** 거미

북돋우다
boost

기운을 내게 하거나 정신을 높여 줌

'북돋우다'는 무언가를 더 좋게 만들거나 빠르게 발전시키는 것을 말해요. 칭찬은 자신감을 북돋아요. 좋은 음식과 적당한 운동은 건강을 북돋지요. 야구 경기장에서 응원단장과 치어리더들은 관중의 응원을 이끌어 내 선수들의 힘을 북돋는 역할을 한답니다. 온라인 게임의 '부스터'는 순간적으로 힘이나 속도가 늘어나는 기능을 뜻해요. 짐작하듯 'boost'에서 나온 말이지요.

예문

Exercise can boost your brain power.

운동은 당신의 두뇌 능력을 북돋워 줄 수 있다.

추가 단어 exercise 운동

record

기록하다

보거나 들은 경험, 생각한 것을 적거나 필름, 음반 등에 담아 둠

'record'는 나중에 기억할 수 있도록 경험한 것을 노트에 적거나 일기를 쓰는 행동 또는 카메라나 마이크 등을 이용해 사진을 찍거나 소리를 녹음하는 행위예요. 그리고, 특정한 분야에서 최신의, 최고 수준의 기록을 '세계 신기록'이라고 해요. 영어로는 'world record'라고 하지요. 대단한 일이니 꼭 기록해 둬야겠지요?

예문

I record my thoughts in a diary.
나는 일기에 내 생각을 기록한다.

추가 단어 **thought** 생각

기원
origin

어떤 것이 처음으로 생겨난 근본이나 원인

'기원'은 어떤 것의 시작 또는 발생을 뜻해요. 설날 세뱃돈의 기원은 새해를 맞아 어른들에게 인사를 드릴 때 인사하러 온 사람들에게 고마움의 표시로 음식을 주거나 좋은 말을 해 주었던 것이라고 해요. 큰 강의 기원은 높은 산에 있는 작은 샘인 경우가 많아요. 샘물이 아래로 흐르면서 모여 하천이 되고 마침내 큰 강이 된 것이지요. 인간의 기원은 무엇일까요? 여러분이 좋아하는 음식의 기원은요? 특정 물건의 기원을 알고 있다면 친구와 얘기해 보세요.

예문	**What is the origin of the story?** 그 이야기의 기원은 무엇입니까?

contain
들어 있다
무언가 안에 있음

'contain'은 무언가 안에 있거나 다른 것 안에 들어 있다는 뜻이에요. 상자 안에 장난감이 들어 있거나, 편지에 중요한 소식이 쓰여 있는 것처럼요. 그래서 'container'라는 단어를 '그릇'이라는 의미로 쓰기도 해요. 엄청 커다란 배에 짐을 싣도록 만든 철로 된 직사각형 박스를 그렇게 부르기도 하지요.

예문 | **This box contains toys.**
이 상자에는 장난감이 들어 있다.

분실
loss

자기도 모르게 물건 등을 잃어버리는 것

'분실'은 이전에 가지고 있던 것을 이제 더 이상 가지고 있지 않다는 뜻이에요. 물건, 사람, 기회 등 우리는 다양한 것을 분실해요. 사람들이 가장 많이 분실하는 물건은 아마도 우산일 거예요. 'loss'가 쓰인 대표적인 표현으로 'I'm sorry for your loss'가 있어요. 그대로 해석하면 '당신의 분실(상실)에 대해 유감입니다' 정도의 뜻이지요. 이건 사실 가족을 잃은 사람에게 쓰는 표현이에요. 우리말로는 '고인의 명복을 빕니다' 정도가 되겠네요.

예문

I reported the loss of my wallet to the police.
나는 지갑의 분실을 경찰에 신고했다.

추가 단어 **report** 신고하다 / **wallet** 지갑

education
교육

지식이나 기술 등을 가르치며 사람답게, 바르게 이끌어 주는 일

'education'은 학교에서 지식과 기술을 배우고 익히는 과정을 의미해요. 더 다양한 것을 배우고 익힐수록 앞으로 살아가면서 만날 힘든 문제를 잘 해결하고 다양한 일을 할 수 있는 나만의 무기를 갖게 될 거예요. 앞으로 맞이할 여러분의 세상에선 교육이 더 많이 중요해질 거예요. 지금 이렇게 일력 책으로 매일 공부하는 것처럼 꾸준히 노력한다면 여러분은 계속 성장할 수 있답니다. 쌤이 응원할게요!

예문	**Education is important for your future.** 교육은 너의 미래를 위해 중요하다.
추가 단어	**future** 미래

영구적인
permanent

영원히 오래 지속되는, 변하지 않는

'영구적인'은 오랜 시간 동안 변하지 않는다는 뜻이에요. 딸기를 먹다가 과즙을 흘렸거나 볼펜이 묻은 옷은 바로 세탁하지 않으면 영구적인 얼룩이 생겨요. 그 흔적이 잘 지워지지 않는 것이지요. 미용실에서 펌(파마)을 해 본 친구, 있나요? 직접 해 보지 않았더라도 가족이나 주위 사람이 한 것을 본 적 있을 거예요. 펌은 바로 'permanent'에서 온 말이에요. 영구적이진 않지만 스타일이 오래가기를 기대하면서 만들어진 이름이랍니다.

예문

We want permanent peace.
우리는 영구적인 평화를 원한다.

chase

추적하다

도망가는 사람이나 동물의 뒤를 밟아 쫓음

'chase'는 누군가 또는 무언가를 잡기 위해 빠르게 쫓아간다는 뜻이에요. 마치 술래잡기 같죠. 경찰이 도둑을 체포하려고 뛰어다니거나, 고양이가 자기 꼬리를 잡으려고 빙글빙글 돌거나, 아이들이 놀이공원의 아이스크림 트럭이나 솜사탕 수레를 향해 달려가는 것 같은 상황에 이 단어를 쓴답니다.

예문	**The police are chasing a thief.** 경찰이 도둑을 뒤쫓는다.
추가 단어	**thief** 도둑

인공의
artificial
사람의 힘으로 만든 것의

'인공의'는 자연적으로 만들어진 게 아니라 인간이 만든 것을 의미해요. 주로 자연을 모방하거나 대체하는 것들이지요. 요즘 학교 운동장에는 진짜 잔디가 아닌 인공 잔디가 깔려 있어요. 과일 맛 음료에는 진짜 과일이 아니라 인공적으로 만든 과일 향 시럽이 들어 있지요. 요즘 많이 보이는 'A.I.(인공지능)'의 'A'는 바로 'Artificial'의 줄임말이랍니다. 인공위성은 'Artificial satellite'라고 해요.

| 예문 | **The flowers are artificial.**
그 꽃은 인공이다. |

accident
사고

갑자기 일어난 나쁜 일

'accident'는 생각지도 못했던 일이 갑자기 일어나 몸을 다치거나 물건이 망가지는 등 나쁜 일이 생기는 것을 말해요. 여러 가지 사고 중에서 특히 자동차 사고에 많이 쓰이지요. 'accident'에는 '사고' 말고도 '우연'이라는 뜻도 있어요. 자동차 사고는 갑자기 생기는 우연한 일이지요. 이렇게 의미를 연결시키면 기억하기 쉬울 거예요.

예문	**I saw a car accident on my way home.** 나는 집에 오는 길에 차 사고를 봤습니다.
추가 단어	**on my way home** 집에 오는 길에

전형적인
typical
어떤 종류의 특징을 가장 잘 나타내는

'전형적인'은 어떤 종류의 특징이 드러난 일반적이고 이미 경험해 본 것처럼 평범하거나 예상되는 것을 의미해요. 낯선 사람을 보고 짖는 것은 개의 전형적인 행동이예요. 또한 무언가의 특징을 잘 나타내는 것을 '전형적'이라고 표현해요. 우리가 생각하는 제주도의 전형적인 모습은 파란 하늘과 아름다운 바다, 그리고 울창한 한라산이지요. '전형적인 실수'라는 말은 어떤 의미일까요? 흔하게 많이 발생하는 실수라는 의미예요. 이런 전형적인 사례에는 또 무엇이 있을까요?

예문

This is a typical mistake.
이것은 전형적인 실수다.

angle
각도

한 점에서 만나는 두 직선이 벌어진 정도

수학 시간에 도형에 대해 배울 때 '각도'라는 말을 들어 봤지요? 'angle'은 각도라는 의미의 영어 단어예요. 각도라는 말을 모른다고요? 책을 활짝 펼치거나 조금만 펼쳤을 때 모서리 사이에 생기는 공간의 크기가 달라지지요? 이것이 바로 각도랍니다. 각도는 사물을 보는 방법이라고도 할 수 있어요. 고개를 옆으로 기울여서 바라보면 거울 속 내 얼굴이 다르게 보이지요? 사진을 예쁘게 찍으려면 카메라의 '앵글'을 잘 맞춰야 한다고 말하는데, 그때 사용하는 단어도 'angle'이랍니다!

| 예문 | **A right angle.**
직각(90도). |

주목
attention

어떤 것에 관심을 가지고 자세히 보는 것

'주목'은 누군가 또는 무언가를 주의 깊게 듣고 보고 생각하는 행동이에요. 수업 시간에 갑자기 벌떡 일어나 소리를 지르는 친구가 있다면, 모두 그 아이를 주목하겠죠? 갑자기 창밖에서 펑 하는 소리가 들리면 폭죽이 터진 것인지 무엇이 폭발한 것인지 사람들이 깜짝 놀라 주목할 거예요. 걸그룹 뉴진스의 <Attention>이라는 노래가 있어요. 제목처럼 '나에게 주목해 주길 바라는' 내용이 담긴 노래랍니다.

| 예문 | **Pay attention to the teacher.**
선생님을 주목해 주세요. |

| 추가 단어 | **pay attention** 주목하다 |

apology
사과

잘못이나 실수를 했을 때 미안하다고 말하는 것

'apology'는 우리가 친구에게 잘못했을 때 "미안해"라고 말하는 바로 그거예요. 영어로 "Sorry", "I'm sorry"라고 표현하죠. 어른에게 말씀드리거나 예의를 갖춰야 할 때는 "I apologize"라고도 해요. 비슷한 의미의 한글 단어로 '사죄', '미안', '죄송', '송구', '양해' 등이 있는데 그 뜻이 조금씩 달라요. 사전에서 정확한 뜻을 찾아보세요.

예문
Please accept my apology.
제 사과를 받아 주세요.

추가 단어
apologize 사과하다 / **accept** 받아들이다

게다가
furthermore

거기에 더해서, 그뿐만 아니라

'게다가'는 대화나 글에 추가 정보를 덧붙일 때 사용해요. '그리고 또 한 가지', '방금 말한 것에 더해서' 같은 의미이지요. 이렇게 활용할 수 있어요. '운동은 건강에 좋습니다. 게다가 기분을 좋게 만들어 줘요.' '그 아이는 공부를 잘해요. 게다가 리더십까지 있어요.' 여러분 자신에 대해서도 한 가지 덧붙이는 말을 해볼까요? 쌤이 먼저 앞부분을 얘기할게요. "나는 영어 공부가 재미있어요. 게다가 _____"

예문	**Apples are delicious. Furthermore, they're good for you.** 사과는 맛있다. 게다가 당신의 건강에도 좋다.

추가 단어	**delicious** 맛있는

correct
맞는, 정확한
틀리지 않은

'correct'는 정확하거나 틀린 것이 없는 상태를 말해요. 수업 시간에 선생님이 내신 문제의 답과 내가 써낸 답이 똑같으면 이 답은 'correct', 즉 '정답'이에요. 시간을 말할 때 '낮 12시'를 '자정'이 아니라 '정오'라고 말한다면, 'correct'죠! 또한 'correct'는 '바로잡다'라는 뜻도 있어요. '쓰기 숙제를 하다가 단어를 틀리게 쓴 것을 발견하고 바로잡았다'처럼 쓸 수 있지요.

예문

Your answer is correct.
너의 대답은 맞다.

면역성이 있는

immune

몸속에 병균을 물리치는 물질이 있는

'면역성이 있는'은 우리 몸이 질병과 감염을 물리칠 수 있는 상태라는 뜻이에요. 특정 세균에 감염될 가능성이 낮다는 것이지요. 코로나19가 유행할 때 우리 모두 백신을 맞고 면역성을 기르려고 노력했던 건 바로 이런 이유 때문이에요. 면역력을 기르는 데는 백신 같은 주사, 약, 기초 체력 증진 등의 방법이 있답니다. '면역성이 있다'는 표현은 꼭 질병에만 쓰이지 않아요. '비판에 대해 면역이 생겼다', '혼나는 데 면역이 생겼다' 등으로도 쓰일 수 있답니다.

예문	**The vaccine makes you immune.** 백신은 당신이 면역성이 있도록 해 준다.
추가 단어	**vaccine** 백신

disease

질병

몸과 마음에 생기는 여러 가지 병

'disease'는 몸과 마음에 생기는 수많은 '병'을 뜻해요. 우리 몸에 바이러스가 들어와 병이 들면 몸이 제대로 움직이지 않을 수도 있어요. 비슷한 단어로 'illness', 'sickness'가 있는데, 'disease'가 좀 더 심각한 질병을 뜻해요. 여러분은 매일 규칙적으로 먹고 자고 활동하고 있나요? 부모님도 건강하신지 한번 여쭤보세요. 병이 없는, 아프지 않은 게 최고랍니다.

예문
Cancer is a serious disease.
암은 심각한 질병입니다.

추가 단어 **cancer** 암

통제하다
control

방향과 계획, 목적에 따라 어떤 행동이나 일을 못 하게 함

'통제하다'는 어떤 행동, 사람 또는 사물에 대해 영향력을 갖는다는 뜻이에요. 무언가를 하지 못하게 막거나 반대하도록 만드는 것이지요. 선생님은 수업 시간에 규칙에 맞게 학생들의 행동을 통제하지요. 가끔 별 이유도 없이 화가 나거나 짜증이 날 때가 있어요. 그때마다 감정을 통제하지 못하고 가족이나 친구에게 짜증을 내면 안 되겠죠. 왜냐하면 나쁜 감정은 쉽게 전달되어 모두에게 나쁜 영향을 주기 때문이랍니다.

예문 **You must control your anger.**
너는 너의 화를 통제해야 한다.

추가 단어 **anger** 화

gender

성별

남녀, 또는 암수의 구별

'gender'는 생물학적 차이에 따라 남성과 여성을 구분하는 것을 의미해요. 인간, 동물(수컷, 암컷), 일부 식물(수꽃, 암꽃/수술, 암술)을 이 기준에 따라 분류할 수 있지요. 현대 사회에서 'gender'는 단순한 남성, 여성을 넘어 성소수자처럼 더 넓은 범위의 성별까지 담아내게 되었어요. '성 평등'이라는 말을 들어 봤나요? 영어로는 'gender equality'라고 한답니다.

예문	**What is your gender?**
	당신의 성별은 무엇입니까?
추가 단어	**equality** 평등

분별 있는
sensible

옳고 그름, 좋고 나쁨 등을 나누어 구별하는

'분별 있는'은 판단력이 뛰어나 현명하고 합리적인 선택을 한다는 의미예요. 길을 건너기 전에 양쪽을 모두 살펴보는 것은 분별력 있는 행동이에요. 목이 마르면 건강에 좋지 않은 탄산음료보다는 물을 마시는 게 분별 있는 선택이랍니다. 'sensible'은 비슷한 철자를 가진 'sensitive'처럼 '민감한'이라는 뜻도 있어요. 'sensible skin(민감한 피부)'처럼 쓰이지요. 이 두 단어가 헷갈리는 친구가 많을 거예요. 꼭 구분해서 기억합시다.

예문	She made a sensible choice. 그녀는 분별 있는 선택을 했다.
추가 단어	make a choice 선택하다

정말 잘 외워지는 영단어 공부법

'복습'이 중요하다는 것은 누구나 다 잘 알고 있을 거야. 그런데 공부를 잘하는 친구들 중에도 영단어만큼은 효과적으로 복습하는 친구들이 별로 없어. 그냥 아무 생각 없이 다들 단어를 그냥 외우려고만 하지. 그래서 쌤이 지금부터 잘 외워지는 영단어 학습법을 알려 주려고 해! 영단어 암기가 어려웠던 친구들은 특히 집중해 줘!

Q. 다음 두 가지 방법 중 어떤 것이 더 오래
기억에 남는 영단어 공부법일까?

1. 하루 한 번, 긴 시간(20~30분) 동안 집중해서 외우기
2. 하루 다섯 번, 짧은 시간(1~2분)으로 나눠서 외우기

정답은? ②번! 놀랍지? 1~2분씩 다섯 번이면 길어야 10분 정도 걸릴 거야. 그런데 그게 20~30분 동안 집중해서 외우는 것보다 더 오래 기억에 남는다니! 하지만 여러 학자들이 연구한 결과로도 증명된 사실이야! 힘들게 공부한 영단어를 오랫동안 기억하려면 여러 번 나눠서 공부하는 게 훨씬 더 효과적이야. 시간도 적게 들고 마음의 부담도 훨씬 줄어들지. 그러니 오늘부터 이 두 가지는 꼭 기억해 두자.

첫째, 하루에 짧게(단어당 1분 이내) 여러 번 나눠서 외우기
둘째, 단어는 무조건 음원(소리)을 들으면서 공부하기

여기에 단어를 따라 말하고 쓰면서 공부하는 방법을 더하면 기억력이 세 배는 높아질 거야. 처음에는 하루에 세 번만 반복해서 외우다가 습관이 되면 다섯 번까지 늘려 보자. 영단어가 훨씬 쉽게 잘 외워질 거야!

발견하다
discover

세상에 알려지지 않은 것을 찾아 먼저 드러냄

'발견하다'는 우연히 또는 적극적인 행동을 통해 무언가를 찾아낸다는 뜻이에요. 다락방에서 어렸을 적 사진을 발견할 수 있어요. 새로 이사 온 동네에서 빵집과 문구점을 발견할 수도 있지요. 탐험가가 무인도를 발견했을 때도 'discover'라고 표현한답니다. 한글 단어 중 '발견'과 비슷한 단어로 '발명'이 있어요. 두 단어는 어떤 차이가 있을까요? 한번 찾아보세요.

예문

They discovered a new star.
그들은 새로운 별을 발견했다.

Day 061 ~ Day 090

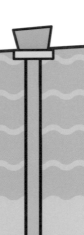

Knowledge is power.
아는 것이 힘이다.

Man is what he believes.

사람은 자기가 믿는 대로 된다.

mistake

실수

잘 모르거나 조심하지 않아서 잘못하는 것

'mistake'란 의도하지 않은 상태에서 하지 말아야 할 것을 하거나 해야 할 것을 하지 않아서 생기는 결과예요. 앞을 보고 걷지 않다가 다가오는 사람과 부딪치거나, 놀다가 친구의 팔에 상처를 내는 것처럼요. 누구나 살면서 '실수'를 해요. 하지만 그 때문에 누군가에게 피해를 줬다면 자신의 실수를 인정하고 사과하는 자세가 정말 중요하답니다. 이럴 때 쓸 수 있는 표현을 알려 줄게요. "내 잘못입니다(My mistake. My bad)." 실수를 바로 인정하고 사과하는 사람이 됩시다. 꼭 기억하세요!

예문

It was a mistake.
그것은 실수였다.

영어 문법(Grammar) 공부 정복하는 꿀팁!

'문법'이라는 말만 들어도 골치가 아픈 친구들, 많을 거야. '문법이 내 영어의 적!'이라고 생각하는 친구들도 많지. 우리처럼 영어를 외국어로 공부하는 사람들은 문법을 꼭 배워야 돼. 우리가 딱히 한국어 문법을 공부하지 않았어도 한국어를 잘 듣고 잘 말하고 잘 쓰는 이유는 태어나면서부터 많이 듣고 보고 자라다 보니 우리 몸에 자연스레 스며들었기 때문이야. 영어는 그렇지 않기 때문에 문법을 통해 문장이 만들어지는 원리를 이해해야만 돼. 그런데 말이야. 만약 영어 문법이 적이 아닌 내 편이 된다면 어떨까? 문법을 조금만 잘해도 영어가 정말 쉬워질 거야. 그럼, 어떻게 해야 문법을 잘할 수 있느냐고? 쌤이 문법 고수가 되는 방법을 알려 줄게.

1. 문법 용어를 익힌다!

문법에서만 쓰이는 말들이 있어. 우선 이 용어들과 친해져야 쉽고 빠르게 이해할 수 있지. 문법 공부를 시작했다면 우선 문법 용어와 친해지자!

2. 많이 읽으면 돼!

문법이 어렵게 느껴지는 이유는 무조건 외워야 한다고 생각하기 때문이야. 수학에서도 공식을 공부할 때 원리를 파악하면 쉬워지는 것처럼 영어도 계속 읽다 보면 저절로 알게 되는 것들이 많아.

3. 일단 틀려도 좋으니 써 보자!

영어 문장을 쓰다 보면 고민되는 부분이 생길 거야. 그냥 읽기만 할 때와는 다르게 '이게 맞나?' 싶은 것들이 생기지. 바로 그게 문법 공부야. 배운 것을 바로 적용해 보는 과정이기 때문에 가장 효과적이기도 하고! 혹시 뭘 어떻게 써야 할지 모르겠다면 오늘 읽은 내용을 그대로 따라 써 보자. 어때 쉽지? 많이 쓸수록 문법도 잘하게 된다는 사실, 꼭 기억해 줘!

miracle
기적

절대로 일어날 수 없다고 생각한 일이 실제로 일어나는 것

'miracle'은 자연법칙이나 과학으로는 도저히 설명할 수 없는 특별한 일이나 현상이 일어나는 것을 말해요. 극도로 목이 마른 순간, 사막 한가운데서 오아시스를 발견하는 것처럼! 주로 일어날 가능성이 매우 낮은, 놀랍고 좋은 일이 발생할 때 이 단어를 쓰지요. 대단한 일을 강조하고 싶을 때 쓰는 표현이기도 해요. 그런데 그거 알아요? 우리가 태어난 것도 엄청난 기적이라는 것을요!

예문	**The birth of a baby is a beautiful miracle.** 아기의 탄생은 아름다운 기적이다.
추가 단어	**birth** 탄생

논의하다
discuss

어떤 문제에 대해 서로 의견을 주고받음

'논의하다'는 무언가에 대해 다른 사람과 의견이나 정보를 주고받으며 이야기 하는 거예요. 조별 과제를 어떻게 할지, 주말에 무엇을 하며 놀지 논의할 수 있지요. 다른 사람과 논의하는 것은 참 좋은 습관이에요. 서로의 의견을 이야기하다 보면 미처 생각하지 못했던 새로운 정보나 깨달음을 얻을 수 있거든요. 관심 분야가 비슷한 친구와 주제를 정해 논의하면서 서로의 생각이 어떻게 같은지 또 어떻게 다른지 알아보면 훨씬 더 재미있을 거예요.

예문

Let us discuss the movie.
그 영화에 대해 논의해 보자.

receipt

영수증

돈이나 물건을 받았다는 표시로 주는 것

'receipt'는 상점에서 물건을 사고 나서 받는 작은 종이예요. 돈을 주고 물건을 샀다는 사실을 보여 주는 이 종이는 내가 산 물건이 무엇인지, 가격은 얼마인지 기억하는 것을 도와줘요. 물건을 사고 나서 영수증을 받아 가격이 맞는지, 빠진 것은 없는지 확인하는 것은 좋은 습관이에요. 쇼핑할 계획이라면 아래 예문을 꼭 기억해 두세요! 참, 그런데 이 단어는 발음을 조심해야 해요. 'p'를 발음하지 않거든요. QR코드의 발음을 잘 듣고 익숙해지도록 여러 번 따라 해 보세요!

예문	**Can I have a receipt?** 영수증을 받을 수 있을까요?

결합하다
combine

둘 이상의 것이 합쳐져 하나가 됨

'결합하다'는 둘 이상의 것을 합쳐서 하나로 만드는 거예요. 빨간색 물감과 파란색 물감을 결합해서 보라색 물감을 만드는 것처럼요. 다이어트에 관심 있는 친구들, 있지요? 다이어트에 성공하려면 규칙적인 운동과 건강한 식단이 결합되어야 해요. 세상 일은 수학처럼 '1 + 1'의 답이 항상 '2'가 아니에요. 즐거움은 결합하면 두 배, 세 배가 될 수 있어요. 좋은 결합은 늘 더 크고 훌륭한 결과를 만들어 낸답니다.

예문

Let us combine our ideas.
우리의 생각을 결합해 보자.

society
사회

마을, 학교, 교회, 회사, 나라처럼 여러 사람이 더불어 사는 곳

'society'는 공통의 문화, 가치관, 영역을 가지고 상호작용하면서 살아가는 집단이에요. 우리는 학교, 모임, 마을, 교회, 절, 나라 등 다양한 집단 속에서 많은 사람들과 소통하며 살아가고 있어요. 학교에서 배우는 사회 과목을 영어로 'society'라고 해요. 우리는 사회 수업 시간에 살아가면서 필요한 도덕, 역사, 지리, 법, 경제 등을 배워요. 여러분은 학교 외에 어떤 'society'에 속해 있나요? 'society'에는 무엇이 있을까요?

예문

We live in a big society.
우리는 큰 사회 속에 살고 있다.

강요하다
force
하기 싫은 일을 억지로 시킴

'강요하다'는 힘, 권위(따르게 하는 힘) 등을 이용해서 누군가를 자신의 뜻대로 움직이게 하는 거예요. 오늘 꼭 해야 할 숙제를 하지 않고 미룰 때 엄마가 하고 자라고 강요하시는 것처럼요. 하지만 강요한다고 해서 모든 사람이 그 일을 다 하는 건 아니에요. 특히 공부는 강요할 수 없지요. "말을 물가에 데려갈 수는 있어도 물을 강제로 마시게 할 수는 없다"라는 말처럼 부모님이나 선생님이 공부 방법을 알려 줄 수는 있지만, 결국 공부는 스스로 할 수밖에 없는 거거든요.

예문
They can not force you to study.
그들은 당신에게 공부하라고 강요할 수 없다.

추가 단어
force you to~ 당신에게 ~하라고 강요하다.

talent

재능

재주와 능력

'talent'는 쉽게 말해 타고난 초능력 같은 거예요! 많이 연습하지 않았는데도 어떤 활동을 남들보다 잘하는 능력이지요. 쌤은 이 단어가 정말 중요하다고 생각해요. 자신이 가지고 태어난 능력을 찾아내고 더 잘할 수 있도록 키워 나가는 게 우리가 공부하는 이유이기 때문이에요. 사람은 누구나 각기 다른 재능을 지니고 있어요. 엄청 대단하지 않아도 돼요. 찾는 것부터가 시작이거든요. 여러분은 어떤 재능이 있나요?

예문 **I have a talent for cooking.**
나는 요리에 재능이 있다.

추가 단어 **talent for~** ~의 재능

모방하다
imitate

다른 것을 흉내 내거나 그대로 따라 함

'모방하다'는 다른 사람의 말, 행동 등을 따라 한다는 의미예요. 걸그룹 댄스를 연습하는 것도 일종의 모방이지요. 유튜브에서 유명인을 성대모사하는 사람들도 모방을 하고 있는 거예요. 모방이 모두 나쁜 것은 아니에요. "모방은 창조의 어머니"라는 말을 들어 봤나요? 새로운 것을 만들기 위해서는 옛것을 모방해야 할 때도 있다는 뜻이랍니다. 그런데 여기서 조심해야 할 게 있어요. 남의 것을 위조하거나 완전히 똑같이 베껴서 이익을 취하면 절대 안 된다는 거예요!

| 예문 | **Parrots imitate human speech.**
앵무새는 사람의 말을 모방한다. |
| 추가 단어 | **Parrot** 앵무새 |

succeed

성공하다

목표를 이뤄 내는 것

'succeed'는 원하는 목적, 목표 등을 이뤄 낸다는 뜻이에요. 달리기 경주에서 목표로 했던 1등으로 결승점에 도착하는 것처럼요. 그런데 노력 없는 성공은 없답니다. 목표가 무엇이든 성공하고 싶다면 반드시 노력해야 한다는 것을 기억하세요. 'succeed'는 '성공하다'라는 뜻의 동사이고, 비슷하지만 철자가 약간 다른 'success'는 '성공'이라는 뜻의 명사예요. 철자와 발음을 꼭 구분해서 알아 두세요!

예문	**We all want to succeed in life.** 우리 모두는 인생에서 성공하길 원한다.
추가 단어	**want to~** ~하길 원하다

명백한
obvious
어떤 사실이 아주 분명하고 뚜렷한

'명백한'은 매우 분명해서 이해하기 쉽거나 보기 쉬운 상태를 말해요. 창밖의 사람들이 모두 우산을 쓰고 있다면 비가 오고 있는 게 명백하지요. 친구가 계속 하품을 한다면 졸리거나 피곤한 게 명백하고요. 이처럼 'obvious'는 명백하고 분명한 사실을 말할 때 쓰는 표현이랍니다. 혹시 다른 사람들은 아직 모르지만 나만 알고 있는 명백한 사실이 있나요? 아래 예문의 'It's obvious that~(~하는 건 분명하다)'을 활용해서 말해 보세요.

예문	**It's obvious that he likes her.** 그가 그녀를 좋아하는 건 명백하다.
추가 단어	**It's obvious that~** ~하는 건 분명하다

familiar

친숙한

친하고 익숙하며 가까운

'familiar'는 전에 경험한 적 있고 잘 알고 있어서 낯설지 않다는 뜻이에요. 오랜 친구나 어렸을 적 가지고 놀던 장난감, 예전에 좋아하던 노래 같은 것에서 느끼는 감정이지요. 과거의 경험을 떠올리게 하는 편안한 상태를 의미하기도 해요. 또한 이 단어가 들어간 문장 끝에 'to me'를 붙이면 '나에게' 친숙하다는 뜻이 돼요. 아래 예문에 적용해 보면, 'Her face is familiar to me'는 '그녀의 얼굴이 나에게 친숙하다'라는 뜻이 되겠지요.

예문 **Her face is familiar.**
그녀의 얼굴이 친숙하다.

부패하다
decay

썩음

'부패하다'는 시간이 지남에 따라 서서히 부서지거나 썩는다는 뜻이에요. 마트에서 사 온 신선한 바나나를 먹지 않고 그냥 두면 노란색 껍질에 점점 검은색 점이 나타나면서 부패하는 것을 볼 수 있어요. 치아가 썩는 것도 부패한다고 표현할 수 있지요. 치아나 과일 등만 부패하는 것은 아니에요. 사람이나 집단도 부패할 수 있어요. 이 경우, 부패란 뇌물을 받는다든지 무언가 잘못된 행위를 한다는 의미예요. 이런 부패는 정말 나쁜 것이지요!

| 예문 | **My teeth started to decay.**
내 치아가 부패하기 시작했다. |
| 추가 단어 | **start to~** ~하기 시작하다 |

notice
알아차리다
일어난 일, 일어나는 일을 깨달음

'notice'는 갑자기 무언가를 깨닫는다는 의미예요. 예전에 봤던 책을 다시 보다가 그때는 알아채지 못했던 사실을 갑자기 깨닫게 되는 것처럼요. 또한 명사로 쓰인 'notice'는 '알림'이라는 뜻이 있어요. 학교에서 다음 시간 준비물을 알려 주는 것이나 여름방학이 언제 시작하는지 공지해 주는 것을 'notice'로 표현할 수 있답니다.

예문 | **I did not notice the thief.**
나는 그 도둑을 알아차리지 못했다.

석방하다
release

감옥 등에 갇힌 사람을 풀어 줌

'석방하다'는 죄를 짓고 감옥에 갇힌 사람을 풀어 준다는 의미예요. 'release'는 '석방하다'라는 뜻 말고도 영화를 '개봉하다', 앨범을 '발매하다' 같은 의미로도 쓰여요. '석방하다', '개봉하다', '발매하다' 이 단어들의 공통점이 무엇인지 느낌이 좀 오지 않나 요? 바로 많은 사람들에게 내놓는다는 의미가 있어요. 그 대상이 사람이면 석방, 영화 면 개봉, 음악 앨범이면 발매가 되는 것이지요. 'release'와 함께 세 한글 단어의 의미 를 같이 알아 두면 좋겠어요!

예문	**The police released him.**
	경찰은 그를 석방했다.

mess

엉망

물건 등이 마구 섞여서 뒤죽박죽된 상태

'mess'는 물건이 지저분하거나 깔끔하게 정리되지 않은 상태를 뜻해요. "동생과 쿠키를 만들고 나니 부엌이 밀가루와 초콜릿으로 엉망이 되었어요", "강아지가 장난감 상자에 들어가서 장난감들이 사방에 흩어져 엉망이 되었어요" 같은 상황 말이지요. 'mess'와 철자가 비슷한 'mass'라는 단어가 있는데, 이 단어는 '덩어리'라는 전혀 다른 뜻이 있어요. 헷갈리지 않게 조심하세요!

예문

My room is always a mess.
내 방은 항상 엉망이에요.

시도하다
attempt

어떤 일을 이루어 내려고 애씀

'시도하다'는 할 수 있을지 모르지만 그래도 도전해 보는 것을 의미해요. 물이 무섭더라도 수영을 배우려고 시도하는 것처럼요. 실패할까 봐 두려워서 아무런 시도도 하지 못하는 것은 정말 바보 같은 일이에요. 실패하더라도 새로운 시도를 해 봐야만 교훈과 경험을 얻으면서 성장할 수 있거든요. 우리가 알고 있는 성공한 사람들, 훌륭한 위인들은 모두 새로운 시도를 두려워하지 않았던 사람들이랍니다. 여러분은 어떤 새로운 시도를 하고 있나요?

예문	Do not be afraid to attempt new things.
	새로운 것을 시도하는 걸 두려워하지 마세요.

추가 단어	be afraid to~ ~하는 걸 두려워하다

abroad

해외에

본국(우리나라) 이외의 장소에

'abroad'는 같은 문화를 가지고 같은 말을 쓰는 사람들이 있는 곳을 벗어나 멀리 떨어진 곳이라는 의미가 있어요. 일본 여행, 미국 유학, 독일 출장, 영국 거주처럼 말이지요. 일상에서 영어를 접하는 데는 해외 경험을 갖는 게 가장 좋은 방법이에요. 그 형태는 여행, 캠프, 유학 등 다양해요. 'abroad'와 'aboard(배, 기차, 비행기 등에 탑승한)' 이 두 단어는 철자가 비슷해서 헷갈리는 친구들이 많을 거예요. 정확히 듣고 따라써 봅시다!

예문	**My cousins live abroad.** 내 사촌들은 해외에 산다.
추가 단어	**cousin** 사촌

엄격한
strict

아주 엄하고 부족함이 없는

'엄격한'은 규칙을 어기면 안 되는 분위기를 의미해요. 지시한 사람이 말한 대로 행동하도록 항상 주의해야 하지요. 규칙이 유독 엄격한 곳들이 있어요. 경찰이나 군대, 그리고 소방서 같은 곳이에요. 이런 곳들은 시민들의 생명을 지키는 것을 임무로 하기 때문에 모든 게 엄격하지 않으면 사고가 발생할 우려가 있거든요. 여러분의 학교에도 담임 선생님에 따라 규칙이 엄격한 반이 있을 거예요. 여러분 교실의 분위기는 엄격한 편인가요?

예문

There are strict rules in this school.
이 학교에는 엄격한 규칙이 있다.

book

예약하다

어떤 일을 미리 약속해 둠

'book'을 '책'이라는 뜻으로만 알고 있는 친구들, 많지요? 물론 그런 의미도 있지만 '약속, 숙박, 티켓 등을 미리 준비하다'라는 뜻으로도 사용해요. 나중에 하고 싶은 일을 위해 미리 전화를 하거나 인터넷, 스마트폰으로 자리를 맡아 두는 것이지요. 영화관 예매, 병원 예약, 식당 예약, 기차표나 비행기 표 예매 같은 상황에 'book'을 사용할 수 있어요. 예약하면 보통 'booking되었다'라고 표현한답니다.

예문

I will book a bus ticket.
나는 버스표를 예약할 것이다.

요구하다
demand

받아야 할 것 또는 바라는 것을 달라고 함

'요구하다'는 마땅히 받아야 할 거라고 생각하고 누군가에게 무엇을 달라고 하는 거예요. 친구가 잘못해서 내가 다쳤다면 나는 친구에게 사과를 요구할 수 있어요. 서점에서 산 책이 처음부터 찢어져 있었다면 서점 직원에게 책을 교환해 달라고 요구할 수 있지요. 강아지나 고양이는 늘 주인의 관심과 사랑을 요구해요. 문을 긁으면서 산책을 시켜 달라고 하는 것만 봐도 알 수 있지요. 여러분은 지금 누군가에게 요구할 게 있나요? 있다면 그것은 무엇인가요?

예문
My sister demands more attention.
내 여동생은 더 많은 관심을 요구한다.

추가 단어 attention 관심

crime
범죄

법을 어기고 죄를 저지르는 것

'crime'은 사회가 정한 규칙이나 법에 어긋나는 행동을 말해요. 범죄를 저지르면 죄를 물어 큰 처벌을 받을 수도 있어요. 쓰레기를 아무 데나 함부로 버리는 사소한 행동부터 남의 것을 훔치는 행동(절도) 등이 바로 범죄이지요. 남의 물건을 훔치는 사람을 뭐라고 하죠? 네, 바로 '도둑(theif)'이에요! 오늘 '범죄'라는 단어를 배웠으니 '도둑', 그리고 아래 예문의 '절도'라는 단어도 연관 지어 익혀 봅시다!

예문	**Stealing is a crime.** 절도는 범죄다.
추가 단어	**stealing** 절도

제안하다

suggest

어떤 의견을 내놓음

'제안하다'는 다른 사람이 좋아하거나 동의할 만한 아이디어나 계획을 추천한다는 뜻이에요. 친구가 오늘 밤 자기 집에 놀러 와서 재미있는 애니메이션을 같이 보자고 제안할 수 있지요. 반대로 여러분이 제안할 수도 있어요. 이번 주말에 같이 놀자고 친구에게 제안해 보는 것은 어떨까요? 공원에 가는 것도 좋고, 전시회나 영화를 보러 가는 것도 좋지요. 친구가 좋아할 만한 것을 제안하면 함께할 가능성이 더 커질 거예요. 여러분은 무엇을 제안하고 싶나요?

예문

My friend suggested that we have a picnic.
내 친구가 소풍을 가자고 제안했다.

추가 단어 **have a picnic** 소풍을 가다

economy
경제

사회의 살림살이를 잘 꾸려 나가는 일

'economy'란 사람들이 물건 등을 만들고 사고팔며 돈이 오가는 거대한 시장(사회)에서 일어나는 모든 일들을 말해요. 우리 가정에서 물건을 사고 미래를 위해 돈을 모으는 것을 '가정 경제를 꾸린다'라고 해요. 범위가 나라로 넓혀지면 '나라 경제'라고 표현하지요. 'economy'는 또한 '절약'이라는 뜻이 있어요. 비행기 좌석 중에 '이코노미석'은 '가장 싼 좌석'을 의미해요. 어때요? 새로운 상식을 얻었죠?

예문	**Farming is part of the economy.** 농업은 경제의 부분이다.
추가 단어	**farming** 농업

정의하다
define

어떤 말이나 사물의 뜻을 밝혀서 정함

'정의하다'는 어떤 단어나 개념의 뜻을 정확하게 설명한다는 의미예요. 사전은 이렇게 단어를 정의하는 데 도움을 주는 도구이지요. 학생은 공부를 해야 할 의무가 있어요. 동시에 다양한 경험을 통해 자신이 어떤 사람인지, 앞으로 어떤 것을 하고 싶은지 스스로를 이해할 권리가 있지요. 의무와 권리가 무슨 뜻인지 정의할 수 있나요? 만약 잘 모르겠다면, 지금 바로 사전에서 확인해 보세요.

예문	**It is hard to define what love is.** 사랑이 무엇인지 정의하기는 어렵다.
추가 단어	**hard** 어려운

method

방법

어떤 일을 해 나가기 위한 수단

'method'는 어떤 문제를 해결하기 위한 구체적인 '방법'을 의미해요. 문제를 잘 해결하려면 좋은 방법이 필요해요. 영어 단어를 쉽게 외우는 방법, 수학 문제를 정확하게 푸는 방법, 고장 난 물건을 고치는 방법, 김밥을 만드는 방법(recipe)처럼요. 여기에 쓰인 방법은 모두 'method'로 표현할 수 있답니다.

예문

We need a new method.
우리는 새로운 방법이 필요해.

처벌하다
punish

법이나 규칙에 맞게 벌을 줌

'처벌하다'는 누군가 잘못하거나 규칙에 어긋나는 행동을 했을 때 그에 맞는 벌을 주는 거예요. 시험을 볼 때 다른 친구의 답을 베끼는 등 부정행위를 하면 그에 맞는 처벌을 받아요. 거짓말을 자주 하면 주변 사람들이 더 이상 그 사람의 말을 믿지 않는 처벌을 받지요. be 동사의 과거형인 'was'와 'punish'의 과거분사인 'punished'가 같이 쓰인 'was punished'는 '처벌받다'라고 해석할 수 있어요. 앞에서 배운 것처럼 이것을 수동태라고 한답니다.

예문	**He was punished for stealing.**
	그는 절도로 처벌받았다.

| 추가 단어 | **stealing** 절도 |

produce
생산하다
어떤 것을 만들어 냄

'produce'는 무언가를 만들어 낸다는 뜻이에요. 농산물을 재배하고 공산품(자동차처럼 공장에서 생산하는 물건)을 만들어 내는 것을 의미하지요. TV 프로그램이나 음반을 만드는 사람을 프로듀서라고 불러요. 'produce(생산하다) + er(하는 사람) = 생산하는 사람', 즉 '제작자'라는 뜻이지요.

예문 **Factories produce cars.**
공장에서 차를 생산합니다.

추가 단어 **factoty** 공장

판단하다
judge

상황을 보고 논리나 기준에 따라 생각을 정함

'판단하다'는 어떤 상황이나 정보를 바탕으로 누군가 또는 무언가에 대한 생각을 정하거나 결정 내리는 거예요. 낯선 재료로 만든 음식은 실제로 먹어 보기 전까지는 그 맛을 판단할 수 없어요. 대화를 나눠 보지도 않고 외모만으로 상대방이 어떤 사람인지 판단해서도 안 되지요. '표지만 보고 책을 판단하지 말라'는 말이 있지요? 이 말의 진짜 의미는 '겉모습만 보고 속을 판단하지 말라'는 것이랍니다. 사람이든 책이든 겉과 속이 다른 경우가 참 많거든요.

예문

Do not judge a book by its cover.
표지만 보고 책을 판단하지 마라.

추가 단어 **cover** 표지

store
보관하다
물건을 지키거나 돌봄

'store'를 '가게'라는 뜻으로만 알고 있는 친구들이 많아요. 하지만 'store'에는 나중에 사용할 수 있도록 무언가를 안전하게 보관한다는 뜻도 있답니다. 장난감을 장난감 상자에, 옷을 옷장에, 음식을 냉장고에 보관하는 것처럼요. 소중한 것을 나만의 비밀 장소에 보관하는 친구들도 있을 거예요. 혹시 여러분에게는 그런 공간이 있나요?

예문 | **I store my toys in the box.**
나는 내 장난감을 상자에 보관합니다.

겸손한
humble

남을 존중하고 잘난 척하며 나를 내세우지 않는

'겸손한'은 자신이 남들보다 낫다고 생각하지 않는 친절한 태도예요. 학교 시험에서 100점을 맞아도 좋은 성적을 받지 못한 친구들 앞에서 자랑하지 않는 것처럼요. 또 누군가 칭찬해 주면 우쭐해하지 않고 "감사합니다"라고 말하는 것이지요. 이런 사람들은 다른 사람들과 잘 어울려 지내요. 겸손한 사람을 싫어하는 사람은 없거든요. 반대로 오만하고 건방진 사람이라면 누구든 1분도 같이 있고 싶어 하지 않을 거예요. 여러분은 겸손한 사람인가요?

예문
She has a humble heart.
그녀는 겸손한 마음을 가지고 있다.

추가 단어 **heart** 마음

thread

실

솜, 고치, 털 등에서 뽑아 가늘고 길게 꼬아 만든 것

'thread'는 셔츠에 단추를 달 때 사용하는 가느다란 끈이에요. 부모님이 바늘에 실을 끼워 바느질하는 모습을 본 적 있지요? 실과 바늘은 떨어지려야 떨어질 수 없는 단짝 친구예요. '실'을 배웠으니 '바늘'이 영어로 무엇인지도 배워 봐야겠죠? 바늘은 영어로 'needle'이라고 해요. 'thread'에는 또한 '바늘구멍에 실을 통과시킴', '무언가를 하나로 묶음'이라는 뜻도 있으니 꼭 기억해 두세요!

| 예문 | **This thread is very strong.**
이 실은 매우 튼튼하다. |

요청
request
어떤 일을 해 달라고 부탁하는 것

'요청'은 정중하게 또는 공식적으로 무언가를 부탁한다는 의미예요. 인터넷 커뮤니티에 가입 요청을 할 수 있지요. 잘못 배달 온 물건에 대해 환불을 요청할 수도 있어요. 비행기 좌석을 예약할 때 창가 자리를 요청할 수도 있고요. 이처럼 남에게 무언가를 요청할 때는 최대한 예의 바른 자세로 내용을 정확하게 전달해야 해요. 'request'는 사람뿐만 아니라 회사나 정부 기관 같은 곳에 요청할 때도 쓸 수 있는 표현이랍니다.

예문

I have a request for you.
나는 당신에게 요청할 것이 있어요.

violent

폭력적인

남을 때리거나 무기를 휘두르는 등 난폭한 힘을 가진

'violent'는 강하고 공격적인 행동으로 남에게 해를 끼치거나 피해를 입히는 것을 표현한 단어예요. 어린이나 청소년은 볼 수 없는 청소년 관람 불가 영화는 '폭력성'을 띤 것들이 많아요. 피로 뒤범벅될 정도로 크게 다친 모습이나 타인에게 고통을 주는 행위, 칼이나 총 등 폭력을 행사하는 도구가 등장해 청소년이 보기에 적합하지 않다고 판단하는 것이지요. 그러니 절대로 궁금해하지 마세요! '폭력적인'의 반대말은 '평화적인(peaceful)'이에요. 우리, 평화적인 것들만 보고 살자고요!

예문

I do not like violent video games.
나는 폭력적인 비디오 게임을 좋아하지 않는다.

존경하다
admire

어떤 사람을 높이 받들고 공경함

'존경하다'는 어떤 사람의 능력, 성격, 해 온 일 등을 보고 그 사람을 높게 생각한다는 뜻이에요. 훌륭하고 멋지기 때문에 좋아하고, 그 사람처럼 되고 싶은 마음이 드는 것이지요. 'respect'는 'admire'와 비슷한 뜻을 가진 단어예요. 둘 중 'admire'가 더 강한 의미를 가졌지요. 'admire'는 '감탄하다'라는 뜻도 있어요. 그래서 그냥 존경하는 경우에는 'respect', 감탄까지 할 정도로 많이 존경하는 경우에는 'admire'를 쓴답니다. 잘 구분할 수 있겠지요?

예문
Many people admire her courage.
많은 사람들이 그녀의 용기를 존경한다.

추가 단어   **courage** 용기

opinion

의견

어떤 일에 관한 생각이나 느낌

'opinion'은 어떤 사물이나 사람, 일에 대해 생각하고 느끼고 믿는 것을 말해요. 다른 사람들과 다르더라도 내 생각이 그 무엇보다 중요하지요. 누가 어떤 일에 관한 생각이나 의견을 물으면 "내 생각에는……"이라고 말을 시작해야 하는데, 그럴 땐 아래 예문처럼 "In my opinion"이라고 말하면 돼요. 자신의 생각이나 의견을 말할 때 영어에서 매우 자주 쓰이는 표현이랍니다. 알아 두면 좋겠지요?

예문	**In my opinion,** 내 의견(생각)으로는,

적응하다
adapt

어떤 일이나 장소에 익숙해짐

'적응하다'는 새로운 상황에 익숙해진다는 뜻이에요. 새 학년이 되면 새로운 교실에서 새로운 선생님과 새로운 친구들을 만나요. 당연히 작년과는 다른, 새로운 상황에 적응해야겠지요? 새로운 도시로 이사 가는 경우도 있어요. 그때도 새로운 환경에 적응해야 돼요. 새로운 환경에 적응하는 것은 때때로 어렵지만 매우 중요한 일이에요. 다양한 환경은 여러분을 성장시켜 줄 테니까요. 새로운 것에 너무 겁먹지 마세요! 생각해 보면 설레고 즐거운 일이랍니다.

| 예문 | **Plants adapt to different seasons.**
식물은 다른 계절에 적응한다. |

pain

고통

몸이나 마음이 괴롭고 아픈 것

'pain'은 몸에 상처를 입거나 불편할 때의 느낌이나 정신적인 고통, 괴로움을 가리켜요. 종이에 손을 베었을 때, 사랑했던 우리 집 강아지가 세상을 떠났을 때 느껴지는 감정 같은 것이지요. "No pain, no gain"이라는 말을 들어 봤나요? '고통 없이 얻는 것은 없다'는 의미이지요. 지금은 너무 하기 싫고 힘들지만 열심히 공부하면 좋은 성적을 받는 것은 물론 나중에 여러분의 꿈을 이루는 데도 좋은 밑거름이 되어 줄 거예요. 모두 힘내세요!

예문

I feel pain in my foot.
나는 내 발에 고통(통증)을 느낀다.

불안해하는
anxious
마음이 편치 않고 조마조마한

'불안해하는'은 일어나고 있거나 일어날 수 있는 일 때문에 걱정하는 거예요. 큰 일을 앞두고 있거나, 좋지 않은 결과가 예상될 때, 간절히 원하는 소식을 기다릴 때, 실수하고 싶지 않을 때 불안해져요. 여러분도 시험을 보기 전에 많이 불안하지요? 사실 누구나 다 그래요. 그런데 너무 불안하면 실력을 발휘하기 어려워요. 그럴 때일수록 마음을 편안하게 가져 보세요. 크게 심호흡하면 불안한 마음이 어느 정도 사라질 거예요.

예문	I am anxious about the test.
	나는 시험 때문에 불안해.
추가 단어	be anxious about~ ~에 대해 불안해하다

departure
출발

어떤 곳에 가려고 떠나는 것

'departure'는 한 장소를 떠나 다른 곳으로 가는 것을 의미해요. 보통 공항에서 비행기가 다른 곳으로 떠날 때 쓰여요. 그럼, '도착'을 뜻하는 단어도 알아야겠지요? 도착은 영어로 'arrival'이라고 한답니다. 공항에 가면 확인해 보세요. 어디에서 출발해 어디에 도착하는지를요. 영단어 실력을 뽐낼 기회가 될 거예요!

| 예문 | **She missed the departure.**
그녀는 출발을 놓쳤다. |

| 추가 단어 | **miss** 놓치다 |

증명하다
prove

증거를 통해 어떤 사실이나 주장의 참, 거짓을 밝힘

'증명하다'는 증거나 논리를 통해 어떤 것이 사실임을 보여 주는 거예요. 과학자는 실험과 관찰, 즉 증거를 통해 자신의 발견이 옳다는 것을 증명하지요. 법정에서 변호사는 증거를 통해 자신의 주장이 맞는다는 것을 증명하려고 노력한답니다. 이처럼 증명할 때는 '증거'가 꼭 필요해요. '증거'는 앞에서 이미 공부했던 단어이지요? 지금 바로 증거가 영어로 무엇인지, 무슨 뜻인지 한번 대답해 볼까요? 잊었다면 찾아서 복습해도 좋아요!

예문
I will prove that I am right.
나는 내가 옳다는 걸 증명할 거야.

추가 단어 **right** 옳은

duty

의무

마땅히 해야 할 일

'duty'는 자신이 맡은 책임이나 마땅히 해야 하는 일을 뜻해요. 소방관의 의무는 불이 나 위험한 상황에서 사람들을 돕는 것이고, 수영장 안전 요원의 의무는 수영하는 사람들의 안전을 확인하는 거예요. 단어를 다양하게 활용해 보는 것은 영단어를 공부하는 좋은 방법이에요. "경찰의 'duty'는 무엇일까?", "의사의 'duty'는 무엇일까?"처럼 문장을 만들고 소리 내 질문하는 연습을 해 보세요. 단어가 익숙해지고 더 잘 외울 수 있게 될 거예요.

예문

Doing homework is a student's duty.

숙제를 하는 것은 학생의 의무다.

귀중한
precious
매우 귀하고 중요한

'귀중한'은 어떤 것이 자신에게 매우 소중하다는 의미예요. 대부분의 사람들은 가족을 가장 귀중하게 여기지요. 그 외에 친구, 우리 집 강아지, 생일 선물로 받은 자전거나 인형을 귀중하게 여길 수도 있어요. 아래 예문처럼 시간과 젊음이 귀중하다고 생각하는 사람들도 있어요. 이처럼 사람들이 귀중하게 여기는 것들은 다양해요. 귀중한 것은 물건이 될 수도 있고 기억이나 누군가와의 추억이 될 수도 있어요. 여러분은 어떤 귀중한 것을 가지고 있나요?

예문

Time is precious, so do not waste it.
시간은 귀중하니까 낭비하지 마세요.

aim

목표

이루고 싶은 것

'aim'은 여러분이 (노력해서) 이루고자 하는 것을 뜻해요. 아침에 일찍 일어나는 것, 잠들기 전에 30분씩 독서하는 것, 매일 계획한 만큼 공부하는 것, 유튜버가 되기 위해 매일 영상 찍는 연습을 하는 것. 이 모든 것이 목표라고 할 수 있어요. 또한 'aim'은 총이나 화살로 '겨눈다'는 의미도 있답니다.

예문
The aims of the lesson.
수업 목표.

추가 단어 **lesson** 수업

협상하다
negotiate

어떤 문제를 결정 내리기 위해 여러 사람들이 의논함

'협상하다'는 결정을 내리기 위해 여러 사람들이 의논하는 거예요. 고용주와 고용인은 일을 시작하기 전 급여(일하고 받는 돈) 수준을 협상하지요. 바로 옆에 있는 두 나라가 서로 전쟁을 하지 않겠다는 평화 조약(나라 간의 글로 쓴 약속)을 협상할 수도 있어요. 우리 생활 속에는 협상해야 할 상황이 많아요. 일례로 물건을 살 때 가격을 협상해야 하지요. 가격을 정해 놓고 파는 정찰제가 아닌 경우가 정말 많거든요. 바가지를 쓰지 않으려면 협상의 기술을 배워 놓는 것이 좋답니다.

예문
Let us negotiate the price.
가격을 협상해 보자.

추가 단어 **price** 가격

apply
지원하다

단체나 학교 등에 들어가기 위해 서류 등을 냄

'apply'는 원하는 단체나 학교 등에 들어가려고 할 때 쓰는 표현이에요. 우리 친구들이 나중에 고등학교나 대학교에 지원할 때도 'apply'라는 단어를 쓸 거예요. 여러분은 어떤 단체에 들어가고 싶나요? 축구팀, 과학 캠프, 주니어 클럽 등 다양한 단체가 있어요. 이런 단체에 들어가면 같은 흥미를 가진 친구들과 색다른 경험을 하면서 엄청 재미있을 거예요!

| 예문 | **I will apply to a soccer team.**
나는 축구팀에 지원할 것이다. |

폭로하다
reveal

알려지지 않았던 감춰진 사실을 드러냄

'폭로하다'는 사람들이 이전에 몰랐던 것을 보여 주거나 말하는 것을 뜻해요. 이솝우화 <신데렐라>, 알지요? 동화 내용을 보면, 밤 12시가 되었을 때 원래 모습으로 돌아오면서 신데렐라가 누구인지 밝혀져요. 바로 정체가 폭로된 상황인 거죠. 종종 뉴스에서 폭로하는 인터뷰를 볼 수 있어요. 이처럼 숨겨진 진실을 드러내는 것을 보통 폭로한다고 표현해요. 나쁜 짓을 하면 언젠가는 누구의 입을 통해 진실이 폭로되기 마련이에요. 그러니 나쁜 짓은 절대 NO! NO!

예문
The reporter revealed the truth.
기자는 진실을 폭로했다.

추가 단어
reporter 기자

fine

벌금

법이나 약속을 어겼을 때 벌로 내는 돈

'fine'은 '좋은'이라는 의미로 잘 알려져 있어요. 그런데 이 단어는 '벌금'이라는 뜻도 있어요. 벌금은 무엇을 잘못했을 때 내는 돈이에요. 길거리에 쓰레기를 버렸을 때, 신호를 지키지 않고 길을 건넜을 때 벌금을 내요. 그러니 조심하는 게 좋겠지요? 여러분이 알고 있는 벌금을 내야 하는 행동에는 무엇이 있나요? 한번 말해 보세요!

예문	**A parking fine.** 주차 벌금.
추가 단어	**parking** 주차

차지하다
occupy
사물이나 공간 등을 자기 것으로 가짐

'차지하다'는 공간이나 시간 등을 사용한다는 뜻이에요. 체육 시간 40분 동안 우리 반이 체육관을 사용한다면 체육관을 차지하고 있는 것이지요. 기차나 비행기 화장실에 사람이 들어가면 문 앞에 'occupied'라는 글자가 표시돼요. 이것은 화장실이 '차지되어 있다'는 의미로, 화장실에 사람이 있다고 해석할 수 있어요. Be 동사인 'is' 다음에 동사의 과거분사 형태인 'occupied'가 결합해서 '차지되다'라는 의미가 되는 거예요. 이런 형태를 수동태라고 해요.

예문	**The bathroom is occupied.** 화장실에 사람이 있다.
추가 단어	**bathroom** 화장실

language
언어

생각이나 느낌을 전달할 때 쓰는 말과 글

'language'는 사람들이 소통하는 수단으로 사용하는 말이나 글을 의미해요. 서로 같은 언어를 쓰는 사람들끼리는 생각과 감정을 쉽게 나눌 수 있어요. 우리는 한국어라는 언어를 써요. 세계에는 몇 종류의 언어가 있을까요? 영어, 일본어, 중국어, 프랑스어……. 여러분이 아는 언어에는 또 무엇이 있나요?

예문

English is a language.
영어는 언어다.

제거하다
remove

없애 버림

'제거하다'는 어떤 장소나 상황에서 무언가를 없애 버리는 것을 뜻해요. 썩은 이빨을 뽑는 것을 '이빨을 제거했다'라고 표현할 수 있어요. 손가락에 가시가 박혔을 때 가시를 빼내는 것도 '제거하다'라는 표현을 써요. 옷이나 가방, 책상 등 내 물건에 얼룩 같은 것이 묻어 있다면 이번 기회에 'remove'해 보는 것은 어떨까요? 잘 지워지지 않는 얼룩이나 때를 없애는 데 도움을 주는 약품을 'remover'라고 한다는 것도 알아 두면 좋겠어요.

예문	I will remove the sticker from the wall. 나는 벽에서 스티커를 제거할 것이다.
추가 단어	sticker 스티커

privacy

사생활

어떤 사람의 사사로운 일상생활을 간섭받지 않는 것

'privacy'는 원하지 않는 관심이나 방해에서 자유로운 상태를 말해요. 자기 혼자만 보고 싶은 물건을 비밀 상자에 넣어 두는 거예요. 비밀을 지키려면 다른 사람이 상자 안을 들여다보지 못하게 해야겠죠? 이를 사생활 보호라고 해요. 다른 사람의 공간과 시간에 끼어들지 않고 존중해 주는 것이지요. "프라이버시"라는 말을 들어 봤지요? 각자 서로의 사생활을 존중해 주자고요.

예문
Please respect my privacy.
제 사생활을 존중해 주세요.

추가 단어 **respect** 존중하다

장점, 이점
advantage
좋은 점, 이로운 점

'장점(이점)'은 특정 상황에서 다른 사람보다 더 잘할 수 있는 무언가를 가리켜요. 암산 속도가 빠르면 수학 시험 문제를 다른 사람들보다 빨리 풀 수 있는 장점이 있죠. 암기력이 좋으면 단어를 암기하는 데 장점이 될 수 있어요. 사람은 이렇게 누구나 장점과 단점을 가지고 있어요. 훌륭하고 성공한 사람이 되기 위해서는 장점을 잘 살리고 단점은 잘 극복해야 돼요. 그렇게 하려면 우선 나의 장점과 단점을 알아야겠지요? 여러분의 장점과 단점은 무엇인가요?

예문
Being tall is an advantage in basketball.
큰 키는 농구에서 장점이다.

추가 단어 **being tall** 키가 큰 것

situation
상황

어떤 일의 모습이나 일이 되어 가는 형편

'situation'은 어떤 순간에 일어나고 있는 일이나 상태를 의미해요. '상황'은 일상생활에서 많이 쓰이는 단어예요. 숙제를 하다가 너무 졸려서 집중되지 않을 때 "In this situation(이런 상황에서는), 일단 30분만 자는 게 좋겠어"처럼요. 어때요? 쓸 일이 많겠지요?

예문

In this situation,
이런 상황에서는,

위협
threat

말이나 행동으로 겁을 주는 것

'위협'은 나쁜 일 또는 위험한 일이 일어날 수 있다고 겁을 주는 말이나 상황이에요. 장마철에는 절대로 계곡 가까이 가서는 안 돼요. 불어난 물이 우리를 위협하기 때문이지요. 우리가 무심코 쓰는 일회용품들은 자연과 지구에 큰 위협이 돼요. 너무 많은 쓰레기가 만들어지거든요. 나의 행동이 자연에 위협이 되지 않도록 일회용품 사용을 조금씩 줄여 보는 것은 어떨까요?

예문 **Climate change is a threat to humanity.**
기후 변화는 인류에게 위협이다.

추가 단어 **climate** 기후 / **humanity** 인류

wonder
궁금하다
어떤 것을 매우 알고 싶음

'wonder'는 호기심을 갖고 무엇에 대해 생각하거나 질문하는 것을 뜻해요. '내일 날씨가 어떨지 궁금하다', '여름마다 매미가 우는 이유가 궁금하다'와 같이요! 'wonder'는 또한 '놀랍다', '대단하다'라는 뜻도 있어요. 마블 유니버스의 '원더우먼'이라는 슈퍼히어로를 아시나요? 원더우먼은 영어로 'Wonder woman'이라고 한답니다. QR코드를 통해 발음을 듣고 따라 해 보세요!

예문

I wonder what time it is.
나는 지금 몇 시인지 궁금하다.

수확하다
harvest

다 자란 농작물 등을 거두어들임

'수확하다'는 잘 익은 농작물을 거두어들이는 행동을 가리켜요. 화분에 방울토마토를 심고 잘 가꾸면 방울토마토가 열리지요? 방울토마토가 빨갛게 익었을 때 따는 행동을 '수확'이라고 해요. 보통 가을을 '수확의 계절'이라고 하지요. 봄에 씨앗을 뿌리면 여름에 쑥쑥 자라 가을에 수확할 수 있어요. 농부들이 땀 흘려서 열심히 키우고 수확한 농작물을 감사하는 마음으로 대해야겠지요?

예문 **Farmers harvest crops in the fall.**
농부들은 가을에 농작물을 수확한다.

추가 단어 **crop** 농작물

영단어는 무조건 문장과 함께 공부할 것!

외워도 외워도 계속 잊어버리는 영단어. 외웠어도 읽기와 듣기로 연결되지 않는 영단어. 대체 무엇이 문제일까? 바로 영단어를 문장과 함께 공부하지 않았기 때문이야.

영단어를 공부할 때 예문을 보지 않고, 보더라도 대충 보면서 영단어의 뜻만 외우는 친구들이 참 많아. 이렇게 공부하면 단어와 뜻 사이에 연결 고리가 없어서 기억이 오래 남지 않아. 예를 들어, 'Apple'을 우리가 '사과'라고 부르는 것은 어떤 대단한 이유가 있어서가 아니라 그냥 우연하게 그렇게 부르게 된 것이 지금까지 이어져 온 거야. 그렇기 때문에 문장 속에서 그 단어를 봐야 훨씬 더 생생하게 이해할 수 있고 기억에도 잘 남는단다.

단어는 쓰임이 있어. 어떤 행동을 하는 입장이라든지, 당하는 입장이라든지, 무엇을 꾸미는 데 쓰인다든지 이런 것들 말이야. 영단어를 공부하는 것은 단순히 그 뜻만 기억하는 게 아니라 문장 속에서 어떤 식으로 쓰이는지 같이 파악하는 과정이야. 그래서 영단어는 무조건 문장과 함께 공부해야 하는 거야. 자, 오늘부터 영단어 공부는 무조건 문장과 함께하자!

성취하다
achieve
바라던 바를 이룸

'성취하다'는 스스로 정한 목표에 도달하는 것을 의미해요. 맞춤법을 어려워하던 학생이 열심히 노력해서 마침내 만점을 받았다면, 맞춤법 시험 만점을 성취했다고 할 수 있지요. 어렸을 때부터 원하던 직업을 갖게 된 사람도 꿈을 성취했다고 할 수 있어요. 목표를 성취하는 것처럼 짜릿하고 즐거운 일은 없을 거예요. 그 순간만큼은 그동안의 고통과 괴로움이 싹 날아가거든요. 여러분은 지금 무엇을 성취하고 싶나요?

예문

He wants to achieve his dream.
그는 자신의 꿈을 성취하길 원한다.

추가 단어

want to~ ~하길 원하다

The early bird catches the worm.

일찍 일어난 새가 벌레를 잡는다.

Day 273 ~ Day 302

Better late than never.

좀 늦어도 아예 안 하는 것보단 낫다.

rescue

구조하다

재난 등으로 목숨이 위태롭거나 어려움에 빠진 사람을 구함

'rescue'는 위험한 상황에서 누군가를 구한다는 의미예요. 앞에서 배운 'save'는 '구조하다'와 '저장하다'라는 뜻으로 두루 쓰이는 반면 'rescue'는 좀 더 위험하거나 급박한 상황에 사용해요. 뒤집힌 배에서 선원을 구해 내거나 벼랑 끝에 매달린 사람을 구조할 때처럼요. 이렇게 위험한 상황에서 우리를 구해 주는 고마운 분들이 있어요. 바로 소방관, 구조대, 안전 요원이지요. 이분들께 항상 감사하는 마음을 가졌으면 좋겠어요!

| 예문 | **He rescued a child.**
그는 한 아이를 구조했다. |

영어 말하기(Speaking) 고수가 되는 비법!

1. 복사기가 되자

영어의 소리는 눈으로만 보는 읽기와 달라서 '억양(intonation)'이라는 게 존재해. 소리의 높고 낮음, 강하고 약함, 짧고 깊이 바로 그것이지. 한국말과는 많이 달라. 그래서 알고 있는 단어인데도 문장 속에서는 잘 안 들리는 경우가 있는 거야. 영어 말하기를 잘하기 위해서는 일단 잘 듣고 따라 하는 연습부터 해야 돼. 마치 복사기처럼 들리는 소리를 복사하는 거지. 아주 쉬운 문장부터 천천히 듣고 계속 따라 해 보자. 뭘 느끼면서? 맞아. 억양을 느끼면서 말이야.

2. 쓰기가 곧 말하기 능력!

처음부터 자신의 생각과 감정을 영어로 술술 말하긴 어려워. 제대로 된 영어 문장을 만들 수 있어야 비로소 가능해지지. 그래서 영어 말하기를 잘하기 위해서는 쓰기 연습을 많이 할수록 좋아. 천천히 자신의 생각을 적어 보고 그걸 말로 해 보는 거지. 영어 '쓰기-읽기 연습'이 가장 좋은 방법이야. 내가 적은 영어 문장의 올바른 발음은 어떻게 아냐고? 걱정하지 마. 요즘은 훌륭한 TTS(Text to Speech) 프로그램이 많아. TTS란 글을 소리로 바꿔 주는 프로그램이야. 쌤은 'NaturalReader'라는 프로그램을 추천해. 자, 그럼 오늘부터 딱 한 문장이라도 시작해 볼까?

standard
기준
여럿으로 나눌 때 기본으로 삼는 본보기

'standard'는 2개 이상의 것들을 비교할 때 사용하는 '본보기'를 의미해요. 필통 속의 자는 사물의 길이를 재는 보편적인 도구예요. 정교한 자로 측정한 대한민국 사람들의 평균 신체 사이즈를 기준으로 S, M, L, XL 등 다양한 크기의 옷이 만들어져요. 또한 '기준'은 사람들이 어떤 것이 좋은지 좋지 않은지 판단할 때 참고하는 일종의 약속이라는 의미도 있어요. 안전 기준이 높은 나라를 선진국이라고 한답니다.

| 예문 | **Safety standard.**
안전 기준. |
| 추가 단어 | **safety** 안전 |

부채, 빚
debt
남에게 갚아야 할 돈

'부채(빚)'는 다른 사람에게 빌린, 갚아야 할 돈을 말해요. 학교 앞 떡볶이집에서 간식을 사 먹을 때 친구에게 빌린 돈도 부채(빚)고, 대학생들이 대학 입학금이나 등록금으로 받은 학자금 대출도 바로 부채(빚)예요. 아무 생각 없이 내가 갚을 수 없는 부채(빚)를 만드는 것은 정말 옳지 않은, 어리석은 행동이에요. 부채(빚)가 없으면 좋겠지만 어쩔 수 없는 상황이라 하더라도 자기가 갚을 수 있는 범위 내에서 빌려야 한다는 것을 꼭 기억하세요.

예문	**The company has a lot of debt.** 그 회사는 많은 부채를 갖고 있다.
추가 단어	**a lot of** 많은

horror

공포

몹시 무섭고 두려운 마음

'horror'는 강렬한 무서움, 충격, 또는 그렇게 만드는 무언가를 뜻해요. 갑자기 튀어나오는 귀신이나 소름 끼치는 소리, 유령의 그림자가 등장하는 영화나 애니메이션을 볼 때의 감정이지요. 친구와 대화하다가 '호러'라는 말을 사용해 봤지요? 'horror'물은 하나의 장르로서 영화, 게임, 소설 등 다양한 종류가 있어요. 여러분은 'horror' 영화 또는 소설을 좋아하나요?

예문
I do not like horror movies.
나는 공포 영화를 좋아하지 않는다.

추가 단어 **movie** 영화

논리
logic

이치에 맞는 주장이나 생각

'논리'는 두뇌를 사용해서 무언가를 이해하거나 설명하는 것을 말해요. 추리 게임이나 수수께끼, 어려운 수학 문제를 풀 때는 이런 논리가 반드시 필요해요. 또한 어렵고 힘든 일을 해내기 위해서는 감정이 아니라 논리에 따라 행동해야만 돼요. 문제가 무엇이고 해결책은 무엇인지 천천히 하나씩 따져서 계획을 세우고 실천해야만 하지요. 이런 행동 자체를 '논리적'이라고 말한답니다.

예문 **Math is full of logic.**
수학은 논리로 가득 차 있다.

추가 단어 **be full of~** ~로 가득 찬

elementary
기초적인
어떤 것을 이루는 밑바탕 같은

'elementary'는 학습 같은 것의 시작 단계를 가리켜요. 영어를 배울 때 알파벳을 외우는 것은 읽기의 기초 단계 중 하나예요. 축구를 배울 때는 공 차는 법, 같은 팀에게 패스하는 법 같은 기초적인 기술을 배워요. 이럴 때 사용하는 단어가 'elementary'랍니다. 여러분이 다니는 초등학교는 'elementary school'이라고 해요. 가장 기초적이고 중요한 공부를 하는 곳이기 때문이랍니다.

예문 **This is an elementary math problem.**
이것은 기초적인(초등) 수학 문제다.

추가 단어 **math problem** 수학 문제

공정한
fair

공평하고 바른

'공정한'은 사람들을 구분하지 않고 똑같이 대하거나 모두에게 공평한 조건이 주어지는 것을 말해요. 시험은 학생들에게 똑같은 수업을 한 뒤 범위를 정해 주고 동일한 문항으로 동일한 시간 동안 진행돼요. 스포츠 경기를 보다가 "페어플레이가 중요하다"라는 말을 들어 봤을 거예요. 'fair play'는 '공정한 경기'라는 뜻이에요. 사회 모든 분야에서 공정한 경쟁과 협력이 이뤄지면 건강한 사회가 만들어지겠지요? 어때요? 'fair', 정말 중요한 단어 아닌가요?

예문

The game was fair and fun.
그 게임은 공정하고 재미있었다.

quit
그만두다
하던 일을 그치고 안 함

'quit'는 어떤 일을 더 이상 하지 않는다는 의미예요. 부모님과 하루에 30분만 유튜브를 보기로 약속했다면, 그 시간이 지난 뒤 유튜브 보는 것을 그만둬야겠지요? 매일 저녁 온 가족이 30분씩 독서하기로 약속했는데, 혼자 그만두는 것은 안 돼요. 둘 다 약속이니까요. 'quit'은 '그만두다' 외에도 '포기하다'라는 뜻이 있어요. 'quitter'는 그만두기를 잘하는 사람을 뜻해요. 우리 모두 'quitter'가 되어서는 안 되겠지요?

예문
I quit the game.
나는 게임을 그만뒀다.

격려하다
encourage
따뜻한 말이나 행동으로 남에게 힘과 용기를 줌

'격려하다'는 누군가 무엇을 잘할 수 있도록 자신감을 불어넣어 주는 거예요. "넌 할 수 있어!", "네가 최고야!"처럼 말이죠. 'encourage'는 'en-'과 'courage(용기)'가 합쳐진 단어로 '용기를 넣어 주다', 즉 '격려하다'라는 뜻이지요. 'courage(용기)'에 'dis-'가 더해진 'discourage'는 반대로 '용기를 꺾다', 즉 '반대하여 막다, 좌절시키다'라는 의미를 갖고 있어요. 이처럼 단어 앞에 어떤 의미가 붙느냐에 따라 뜻이 정반대로 바뀔 수 있답니다.

예문

Teachers encourage us to read books.
선생님들은 우리에게 책을 읽으라고 격려한다

environment
환경

생물(사람)이 살아가는 데 영향을 끼치는 자연이나 사회

'environment'는 사람, 동물, 식물 등이 살아가기 위한 조건들을 의미해요. 공기, 물, 땅을 포함해 자연과 사회까지 모두 아우르는 개념이지요. 어항 속을 한번 상상해 보세요. 물고기가 살아가기 위해서는 물, 자갈, 수생식물 등이 필요하지요. 이것들이 물고기 주변의 환경이에요. 자연 환경, 생활 환경, 공부 환경 등등 여기서 말하는 '환경'이 바로 'environment'랍니다. 정말 중요한 단어이니 꼭 기억해 두세요!

예문	We must protect the environment. 우리는 환경을 보호해야 한다.
추가 단어	must~ ~해야 한다 / protect 보호하다

고용하다
employ, hire
돈을 주고 남에게 일을 시킴

'고용하다'는 누군가에게 일을 시키고 그에 대한 대가로 돈을 주는 것을 의미해요. 식당을 운영하려면 요리사를 고용하고, 마당을 손질하려면 정원사를 고용해야 해요. 고용하는 사람을 '고용주', 즉 'employer'라고 해요. 고용을 받아서 일하는 사람, 근로자는 'employee'라고 해요. 'employ, hire' 모두 '고용하다'라는 뜻인데 'hire'는 아르바이트처럼 짧은 기간 고용할 때, 'employ'는 오래 근무할 직원을 고용할 때 쓰인 답니다.

예문	**They employ many workers.** 그 회사는 많은 근로자들을 고용한다. **They hire many workers.** 그 회사는 많은 근로자들을 고용한다.

추가 단어 **worker** 근로자

alike
(아주)비슷한

성질이나 모양이 완전히 똑같지는 않지만 닮은 데가 많은 모습

'alike'는 쌍둥이처럼 아주 비슷한 상태를 뜻하는 단어예요. 한글 단어로는 '유사한', '비슷비슷한', '고만고만한' 등으로 바꿔 쓸 수 있지요. 오늘은 나와 형제, 나와 부모님은 어떤 점이 비슷한지 생각해 볼까요?

| 예문 | **The twins look very much alike.**
그 쌍둥이는 매우 닮았다. |
| 추가 단어 | **twins** 쌍둥이 |

기부하다
donate

남을 돕기 위해 돈이나 물건을 대가 없이 내놓음

'기부하다'는 남을 돕기 위해 어떤 단체에 돈이나 물건 등을 주는 거예요. 어렸을 때 가지고 놀던 장난감을 필요한 사람에게 기부할 수 있어요. 세뱃돈과 용돈을 모아 자신의 생일마다 자선단체에 기부할 수도 있지요. 그것이 무엇이든 도움이 필요한 사람들에게 나눠 주는 행동처럼 아름다운 것은 없어요. 그런 사람들의 기부를 돕기 위해 많은 자선단체들이 있어요. 대표적인 곳이 'UNICEF(유엔아동기금)'예요. 어떤 일을 하는지 한번 검색해 볼까요?

예문	**I will donate my toys to charity.** 나는 내 장난감을 자선단체에 기부할 것이다.
추가 단어	**charity** 자선단체

include
포함하다
어떤 것을 정해진 한 군데 넣음

'include'는 어떤 것을 전체의 일부로 넣는다는 의미예요. 학용품에는 공책, 연필, 지우개, 자 등이 포함되어 있지요. 체육 시간에 게임을 할 때는 빠지는 사람 없이 반 친구들 모두를 포함시켜야 돼요. 나는 우리 반에 포함되어 있고, 나는 또 우리 가족에 포함되어 있어요. 우리는 이렇게 어떤 단체의 한 사람으로 포함되어 있어요. 그곳에 대한 소속감과 책임감을 가져야겠지요?

예문

Does your homework include math problems?
너의 숙제에는 수학 문제가 포함되어 있니?

방해하다
distract

남이 하는 일을 못 하게 막는 등 피해를 줌

'방해하다'는 집중하고 있던 것에서 다른 것으로 주의를 돌린다는, 즉 산만하게 만든다는 의미예요. 집 밖에서 들려오는 시끄러운 소리가 숙제에 집중하는 것을 방해하는 것처럼요. 동생이 방에 들어와 공부하는 것을 방해하기도 해요. 공부할 때 나를 방해하는 것에는 무엇이 있을까요? 스마트폰? 게임? 채팅? 동생? 상상? 나를 방해하는 것을 멀리하려면 그런 것에는 어떤 것이 있는지 잘 알아야겠지요?

예문

Do not distract me while I am studying.

내가 공부하는 동안에는 방해하지 마세요.

추가 단어 **while** ~하는 동안에

mature

성숙한

몸과 마음이 어른스러워짐

'mature'는 몸과 마음이 완전히 성장하거나 발달한 상태를 의미해요. 어린아이가 어른스럽게 행동할 때 "너, 성숙하구나!"라고 하지요. 이 단어는 사람이 아닌 식물이나 동물 같은 생물에게도 쓸 수 있답니다. 방울토마토 화분에 작은 묘목을 심은 후 열매가 맺은 것을 보고 'mature'라는 표현을 쓸 수 있어요. 'mature' 앞에 'im-'을 붙인 'immature'는 '어린', '미숙한'이라는 뜻의 반대말이 돼요. 여러분은 지금 미숙한가요 아니면 성숙한가요?

| 예문 | **He is a mature boy.**
그는 성숙한 소년이다. |

본능
instinct
본래 가지고 태어난 성질

'본능'은 자연적으로 타고난 성질, 성향 등을 뜻해요. 보통 살아남거나 자식이나 새끼, 알을 낳는 것과 관련된 것들이 많아요. 고양이는 움직이는 물체를 쫓는 본능이 있어요. 육식동물은 사냥 본능에 따라 먹이를 잡아요. 인간도 본능을 가지고 태어나요. 배고프면 먹고 싶은 본능, 졸리면 자고 싶은 본능처럼요. 그런데 이 본능은 사람마다 강한 면과 약한 면이 있어요. 여러분은 어떤 본능에 강하고 어떤 본능에 약한가요?

예문

Birds fly south by instinct.
새들은 본능적으로 남쪽으로 날아간다.

추가 단어 **fly south** 남쪽으로 날아가다

serious

심각한

마음 깊이 새겨지게 매우 중대하고 절실한

'serious'는 어떤 일이 매우 중요하다고 느끼는 감정이에요. 올여름은 유달리 더웠고, 전 세계적으로 홍수와 태풍의 피해도 잦았지요? 이처럼 환경오염으로 지구의 기후 환경이 바뀌는 것을 우리는 심각하게 받아들여야 해요. 아래 예문의 "I am serious"는 보통 다른 누군가가 자신의 말을 농담이나 거짓말로 생각할 때 쓰는 표현이에요. 혹시 지금 누군가에게 심각하게 할 이야기가 있나요? 그렇다면 이 표현을 꼭 알아 두세요. 상대방이 깜짝 놀랄 거예요.

예문

I am serious.
나 심각해(진지해).

예상하다
expect

어떤 일이 일어나기 전에 미리 짐작함

'예상하다'는 어떤 일이 발생하거나 특정한 결과가 나오리라고 미리 생각하는 것을 뜻해요. 일기예보에 따라 내일 날씨가 맑을 거라고 '예상'하는 것처럼요. 'expect'를 '기대하다'라는 뜻으로 알고 있는 친구들이 많은데, '기대하다'보다는 '예상하다'라는 뜻이 더 맞는 표현이에요. 왜냐하면 '기대하다'는 '좋은 것을 예상하고 있다'는 의미거든요. 그런데 'expect'는 꼭 좋은 일만 예상한다는 의미가 아니랍니다. '예상하다'는 좋든 나쁘든 어떤 결과가 생길 거라고 짐작한다는 뜻이에요.

예문 | **I expect it will rain tomorrow.**
나는 내일 비가 올 것으로 예상한다.

prepare
준비하다

필요한 것을 미리 다 갖추어 놓음

'prepare'는 어떤 목적이나 행동을 위해 무언가를 대비한다는 의미예요. 내일이 소풍 가는 날이라고 상상해 볼까요? 생각만 해도 벌써 신이 나죠? 그럼 오늘 밤 무엇을 준비해야 할까요? 입고 갈 옷부터 마실 것, 먹을 것, 친구들과 놀 것 등을 하나하나 준비해야 해요. 우리는 살아가면서 준비해야 할 것이 참 많아요. 학교에 갈 준비도 해야 하고, 친구와 만날 약속을 위해 나갈 준비도 해야 하죠. 그러니 이 단어, 꼭 기억해야겠지요?

| 예문 | **They prepare for the test.**
그들은 시험을 위해 준비(공부)한다. |
| 추가 단어 | **test** 시험 |

연설
speech

여러 사람 앞에서 자기 생각이나 의견을 말하는 것

'연설'은 정보 전달, 설득, 재미 등을 목적으로 많은 사람들 앞에서 말하는 거예요. 대통령은 국민들에게 어떤 주제로 연설을 해요. 반장 선거 후보로 나간 친구가 자신을 반장으로 뽑아야 하는 이유에 대해 연설할 수도 있지요. 좋은 연설은 많은 사람들에게 감동을 준답니다. 혹시 <킹스 스피치(The King's Speech)>라는 영화를 보았나요? 실제 있었던 사건을 영화로 만든 것인데, 진실한 연설의 힘이 얼마나 강력한지 보여 주는 좋은 영화랍니다.

예문	**I was nervous before my speech.** 연설하기 전에 나는 긴장했다.
추가 단어	**nervous** 긴장한

positive
긍정적인

어떤 일이나 생각이 옳다고 여기는

'positive'는 어떤 것을 희망적으로 생각한다는 뜻이에요. 컵에 물이 반쯤 채워져 있을 때 이것을 보고 "겨우 반밖에 안 남았네"라고 말하는 것은 긍정적인 게 아니에요. "아직 마실 물이 반이나 남아 있구나!"라고 말하는 것이 긍정적인 것이지요. 우리는 이런 긍정적인 자세를 가져야 해요. 영어를 잘하기 위해서도 잘될 거라는 믿음, 즉 긍정적인 마음을 가져야 실력이 쑥쑥 늘어난답니다. 그러니 오늘부터 'positive person'이 되도록 노력해 봅시다!

예문	**She is a positive person.** 그녀는 긍정적인 사람이다.
추가 단어	**person** 사람

접속하다

access

컴퓨터가 인터넷에 연결됨

'접속하다'는 컴퓨터가 인터넷에 연결되는 것을 의미해요. 집에 Wi-Fi를 설치하면 컴퓨터와 휴대폰으로 자유롭게 인터넷에 접속할 수 있어요. 국내 비행기에서는 비행 중 노트북이나 휴대폰으로 인터넷에 접속하면 안 되지만, 해외 비행기에서는 인터넷 접속을 가능하게 하는 상품을 살 수도 있답니다. 아래 예문 "How do I access the internet?"은 해외여행을 할 때 꼭 필요한 문장이에요. 미리 알아 두면 좋겠지요?

예문

How do I access the internet?
인터넷에 어떻게 접속하나요?

purpose
목적

어떤 일을 통해서 도달하거나 이루려는 것

'purpose'는 어떤 일이 일어나는 이유, 존재하는 이유를 의미하는 단어예요. 가위나 풀이 존재하는 이유는 무엇일까요? 물건을 자르거나 붙이기 위함이겠지요? 그것이 가위나 풀의 역할 또는 목적이에요. 해외여행을 갔을 때 "What is the purpose of your visit?"라는 질문을 받는다면 주의해야 돼요. 자칫 잘못 대답하면 입국이 어려워질 수도 있거든요. 여행을 간 것이니 "I'm here to travel"라고 대답하면 돼요. 그게 그 나라에 간 목적이니까요.

예문	**What is the purpose of your visit?** 당신의 방문 목적은 무엇인가요?
추가 단어	**visit** 방문

중립적인
neutral

중간에 서서 어느 한쪽으로도 치우치지 않은

'중립적인'은 편견 없는 중간 상태를 나타내는 말이에요. 모든 운동 경기의 심판은 어느 편에도 치우치지 않는 중립적인 태도를 취해야 한답니다. 기자는 어떤 사건에 대해 기사를 쓸 때 최대한 중립적인 입장에서 써야 하지요. 이렇게 어느 편도 들지 않는 것이 바로 중립이에요. 나라에도 중립이 있어요. 스위스가 바로 대표적인 중립국이랍니다.

예문	**The judge must be neutral.** 판사는 중립적이어야 한다.
추가 단어	**judge** 판사 / **must** 해야 한다

increase
증가하다
수나 양이 늘어남

'increase'는 수, 양, 크기 등이 늘어나는 것을 뜻해요. '매주 용돈을 조금씩 저축하면 저축액이 늘어난다', '여름에 가까워질수록 햇빛의 양이 많아진다', '풍선에 공기를 불어 넣으면 풍선의 크기가 커진다' 같은 문장에 모두 이 단어를 쓸 수 있어요. 용돈이나 세뱃돈이 늘어나면 갖고 싶었던 장난감을 살 수 있겠지요? 용돈, 세뱃돈이 늘어난다는 희망을 담아 'increase'를 꼭 기억하세요!

예문 **The price will increase.**
가격이 증가할(오를) 것이다.

추가 단어 **price** 가격

진화
evolution

오랜 시간에 걸쳐 몸의 구조나 기능이 바뀌어 가는 것

'진화'는 시간에 따른 변화와 발전을 나타내는 말이에요. 살아 있는 모든 생명체는 진화하고 있어요. 우리 인간은 아주 작은 미생물에서 출발해 이렇게 크고 복잡한 생명체가 되었어요. 참 신기하지요? 공룡은 새로운 환경에 적응하지 못해서 멸종했답니다. 진화는 생물이 살아가는 데 정말 중요한 과정이에요. 또한 'evolution'은 언어의 진화, 기술의 진화 같은 변화와 발전을 설명할 때도 쓰인답니다.

예문

The evolution of animals is interesting.
동물의 진화는 흥미롭다.

추가 단어 **animal** 동물

diverse
다양한

모양이나 상태가 여러 가지인

'diverse'는 여러 가지 종류나 유형이 있다는 뜻이에요. 12색 크레파스 상자를 생각해 볼까요? 그 안에는 빨강, 주황, 노랑, 초록 등 여러 가지 색깔 크레파스가 들어 있지요? 크레파스 색깔이 다양하다고 할 수 있어요. 우리가 살고 있는 지구는 'diverse' 그 자체라고 할 수 있어요. 다양한 동물, 다양한 식물, 다양한 문화, 다양한 음식 등 온통 다양한 것들로 둘러싸여 있으니까요!

예문

Look at the diverse fish.
다양한 물고기를 봐.

충실한

loyal

몸과 마음을 기울여 충직하고 성실한

'충실한'은 우정, 관계, 직업 등에서 믿을 만하다는 뜻이에요. 오랜 시간 동안 가수를 응원해 주는 팬을 충실한 팬이라고 불러요. 30년 이상 한 직장에 다닌 직원을 그 회사에선 충실한 사람이라고 칭찬하지요. 사람이 사람에게 충실하다는 것은 서로 믿고 약속을 지킨다는 의미예요. 서로에게 충실한 게 좋은 관계겠지요. 여러분은 가족과 친구들에게 충실한 사람인가요? 오늘 한번 생각해 보세요.

| 예문 | **Dogs are loyal to their owners.**
 개는 주인에게 충실하다. |

decorate
장식하다
겉모양을 보기 좋게 꾸밈

'decorate'는 어떤 물건이나 디자인을 더해서 화려하고 보기 좋게 꾸민다는 뜻이에요. 이사한 집의 내 방에 하얀 벽지뿐, 아무것도 없다고 생각해 보세요. 우선 벽에 시계와 거울을 달고, 좋아하는 아이돌의 브로마이드를 붙여 보는 거예요. 침대 머리맡에는 모빌을 걸어 두면 어떨까요? 그것 말고 또 좋은 아이디어 있나요? 이처럼 더 재미있고 더 아름답고 더 멋지게 바꾸는 것을 바로 '장식한다'고 말한답니다.

예문 **Let us decorate the Christmas tree.**
크리스마스트리를 장식해 보자.

파괴하다
destroy
어떤 것을 부수어 무너뜨림

'파괴하다'는 무언가를 부수어서 완전히 망가뜨리거나 없애는 것을 뜻해요. 해변의 모래성을 파도가 파괴하는 것처럼요. 숲에 불이 나면 금세 숲 전체가 파괴되죠? 태풍이 불어닥치면 많은 집과 시설물이 파괴되어서 사람들이 피해를 봐요. 자연은 모든 생명의 보금자리예요. 인간의 욕심과 이기심 때문에 숲과 강, 바다 등이 파괴되는 것을 보면 너무 안타까워요. 자연이 파괴되지 않게 하려면 우리는 어떤 노력을 기울여야 할지 한번 생각해보세요.

예문 **An earthquake can destroy buildings.**
지진은 건물들을 파괴할 수 있다.

추가 단어 **earthquake** 지진

celebrity
유명 인사, 유명한 사람
사람들에게 이름이 널리 알려진 사람

'celebrity'는 연예인, 스포츠 스타 등 사람들에게 이름이 널리 알려진 특별한 이들을 말해요. 최근에는 노래 경연 대회나 유튜브 등을 통해 유명해지는 사람들이 점점 많이 생겨나고 있지요? 이런 이들을 '셀럽'이라고 불러요. 'celebrity'를 짧게 줄인 말이지요. 여러분은 어떤 'celebrity'를 알고 있나요? 그리고 누구를 좋아하나요?

| 예문 | **She is a celebrity.**
그녀는 유명 인사다. |

제한, 한계
limit

넘지 못하는 정도

'제한, 한계'는 어떤 것에 대해 넘어갈 수 없거나 넘어가서는 안 되는 지점을 뜻해요. 공부에 집중하기 위해서는 휴대폰 사용 시간이나 유튜브 보는 시간을 제한해야 해요. 건강을 생각하면 매일 먹는 설탕의 양을 제한해야 하지요. 도로를 다니다 보면 '속도 제한(speed limit)' 표지를 볼 수 있어요. 어떤 곳은 50, 학교 근처는 30, 고속도로는 100이나 110이에요. 혹시 잘 모르겠다면 우리 동네 도로의 속도 제한은 얼마나 되는지 확인해 보세요.

예문
The speed limit here is 30km/h.
이곳의 속도 제한은 시속 30km다.

추가 단어 **km/h** 시속(시간당 속도)

against
(~에) 반대하여
어떤 행동이나 생각에 맞서서

'against'는 무언가 또는 누군가의 행동이나 생각이 나와 똑같지 않거나 반대일 때 쓰는 단어예요. 친구가 축구를 하자고 했지만 나는 하고 싶지 않을 때, 내가 밤늦게까지 유튜브를 보는 것에 부모님이 반대하실 때 이 단어를 쓸 수 있어요. 특히 내가 반대하고 싶은 것이 있을 때는 'I am against A'라고 말하면 돼요. '나는 전쟁에 반대한다'는 'I am against war'라고 쓸 수 있지요. 여러분은 무엇에 반대하나요?

예문 **She is against the idea.**
그녀는 그 생각에 반대한다.

추가 단어 **idea** 생각

Day
255

조언하다
advise

말로 도움을 줌

'조언하다'는 어떤 상황에서 해야 할 일에 대해 누군가에게 말로 도움을 주는 거예요. 교실에서 계속 기침하는 나에게 선생님께서 조퇴하고 병원에 가라고 조언해 주실 수 있어요. 잘하고 싶은 것이 있는데 어떻게 해야 할지 모르겠다면 주변의 조언에 귀를 기울여 보세요. 조언은 때때로 듣기 싫고 잔소리같이 느껴지지만 좋은 조언은 나를 성장시키는 양분이 된답니다. 'advise'의 명사형인 'advice'는 '조언'이라는 뜻이에요. 함께 알아 두세요!

예문

The coach will advise the players.
코치는 선수들에게 조언을 해 줄 것이다.

average
평균의
여러 수나 양의 중간 값의

'average'는 중간 또는 일반적인 양, 질, 수준을 의미해요. 수학에서는 전체의 값을 전체의 개수로 나눈 것을 'average', 즉 '평균'이라고 해요. 세 과목을 시험 봐서 각각 90, 85, 95점을 받았을 때, 세 과목의 점수를 모두 합한 270점을 과목의 수 3으로 나눈 90점이 세 과목의 평균 점수이지요. 이처럼 평균은 어떤 그룹의 중간 값을 뜻해요. 평균 키, 평균 점수, 평균 몸무게처럼 사용하지요. 여러분의 무엇이 'average'인가요? 키? 몸무게?

예문 | **I got an average score on the test.**
나는 시험에서 평균 점수를 받았다.

추가 단어 | **score** 점수

증거
evidence

어떤 사실을 증명할 수 있는 것

'증거'는 어떤 것이 사실인지 아닌지 증명하기 위해 보여 주는 것을 말해요. 우리 집에서 강아지를 키우고 있는데 친구가 믿지 않는다면 집에서 강아지와 함께 찍은 사진이 그 사실을 증명하는 증거가 되겠지요. 경찰이 범인을 잡을 때 가장 중요한 것은 바로 증거예요. 아무리 범인이라는 확신이 들어도 구체적인 증거가 없으면 절대로 벌금을 물리거나 잡아서 감옥에 넣는 등 처벌할 수 없거든요.

예문

Without evidence, we can not prove it.

증거가 없으면, 우리는 그것을 증명할 수 없다.

추가 단어 **prove** 증명하다

broadcast

방송하다

TV나 라디오, 인터넷을 통해서 영상이나 음성을 전파로 보냄

'broadcast'는 TV, 라디오, 인터넷을 통해 많은 사람들에게 전달하고 싶은 내용을 알리는 거예요. 요즘은 유튜브, 인스타그램 등을 통해 누구나 쉽게 방송을 할 수 있게 되었지요. 우리나라 방송국 이름인 EBS, KBS, MBC에서 'B'라는 글자는 바로 'Broadcasting(방송)'에서 따온 것이랍니다. 여러분은 어떤 방송(프로그램)을 좋아하나요?

예문
CNN will broadcast the game tonight.
CNN이 오늘 밤 경기를 방송할 것이다.

추가 단어
CNN 미국 방송국 이름 / game 경기, 게임

집중하다
concentrate
한 가지 일에 온 힘을 쏟아부음

'집중하다'는 특정한 일이나 주제에 모든 노력을 쏟아붓는 거예요. 완성이 코앞인 그림을 앞에 둔 화가는 자칫 실수라도 할까 봐 잔뜩 집중할 거예요. 페널티 킥 기회를 잡은 축구 선수는 점수를 얻기 위해 집중하지요. 승부를 바꿀 수 있는 기회이니까요. 공부를 잘하는 데 있어 가장 중요한 능력은 바로 집중하는 능력이에요. 집중력이 높다면 짧은 시간 동안에 훨씬 더 많은 공부를 할 수 있거든요. 그래서 집중력을 높이는 생활 습관을 만드는 게 중요해요.

예문

I can not concentrate on my studies.
나는 내 공부에 집중할 수 없다.

connect
연결하다
여러 가지 것들을 서로 이음

'connect'는 2개 이상의 사물을 잇거나 둘 사이에 관계를 맺는 것을 의미해요. 직소 퍼즐을 맞출 때, 꼭 맞는 두 조각을 밀어 넣어 하나로 만드는 것을 '연결'이라고 해요. 휴대폰 배터리가 부족할 때 휴대폰과 충전 케이블을 연결한다고 하지요. 이 단어는 사람과 사람 사이에서도 사용돼요. "나 그 애와 연결해 줘" 같은 방식으로 쓰이지요. 이것은 '소개해 준다'는 의미로, 두 사람의 관계 맺기가 시작됨을 뜻한답니다.

예문

I can not connect to the Wi-Fi.
나는 와이파이에 연결할 수 없다.

지시하다
instruct

어떤 일을 남에게 시킴

'지시하다'는 누군가에게 어떤 일을 하는 방법을 가르치거나 시킨다는 뜻이에요. 지저분한 내 방에 들어온 엄마가 방 청소를 하라고 지시하실 수 있지요. 비행기를 타면, 비행기가 출발하기 전에 모든 전자 기기를 끄라고 지시하는 안내 방송이 나와요. 글을 잘 쓰는 방법이나 신발 끈 묶는 법을 알려 줄 때도 'instruct'를 쓴답니다. 그래서 강사를 'instructor(지시하고 가르치는 사람)'라고 하지요.

예문

The coach instructed the team to run.
코치는 팀에게 달리라고 지시했다.

추가 단어 **coach** 코치

deliver
배달하다
물건이나 우편물을 받을 사람에게 나름

'deliver'는 주문이나 요청에 맞춰 특정 사람에게나 장소로 물건을 가져다준다는 의미예요. 요즘은 배달 없이 살 수 없는 시대가 되었지요? 물건을 배달해 주는 택배나 배달 음식을 흔히 볼 수 있어요. 여러분도 배달의민족, 요기요 같은 앱을 봤을 거예요. 'deliver'에 'y'만 붙이면 명사 'delivery(배달)'가 된답니다. 'pizza delivery(피자 배달)' 이런 식으로 쓸 수 있어요. 우리 집에서는 무엇을 가장 자주 배달시키나요?

예문
We deliver fresh meals.
우리는 신선한 식사를 배달한다.

추가 단어 **meal** 식사

완료하다
complete
어떤 일을 완전히 끝마침

'완료하다'는 어떤 일을 끝내거나 온전하게 만드는 것을 뜻해요. 직소 퍼즐의 마지막 조각을 끼워 넣으면 퍼즐 맞추기가 완료되지요. 편하게 유튜브를 보려면 오늘 학교 과제를 완료해야겠지요? 어떤 일이든 시작은 잘하는데 끝마무리를 제대로 하지 못하는 사람들이 참 많아요. 이때 필요한 것이 바로 'complete'랍니다. '임무 완수'는 영어로 'mission complete'라고 써요. 알아 두면 써먹을 데가 많을 거예요.

예문
I will complete the project tomorrow.
나는 그 프로젝트를 내일 완료할 것이다.

추가 단어
project 프로젝트, 계획된 일

emotion

감정

어떤 일에 대해 일어나는 마음

'emotion'은 행복, 슬픔, 화, 두려움, 실망 같은 마음 상태를 말해요. 깜짝 선물을 받으면 여러분은 어떤 감정을 느끼나요? 놀라고 기쁘겠지요? 혹시 화가 나거나 슬퍼도 겉으로 표현하지 않는 친구가 있나요? 감정은 표현하는 거예요. 기쁨, 행복, 즐거움은 다른 사람과 나누면 두 배가 되고, 슬픔은 나누면 반이 된다고 하잖아요. 자신의 감정을 솔직히 표현해 보세요. 감정은 소중한 것이니까요.

| 예문 | **Love is a powerful emotion.**
사랑은 강력한 감정이다. |

| 추가 단어 | **powerful** 강력한 |

여분의

spare

쓰고 남은 양의

'여분의'는 현재 사용 중인 것이 아니라 필요할 때 추가로 사용할 수 있도록 준비해 둔 거예요. 여러분의 필통에는 지금 사용하지는 않지만 필요할 때 쓸 수 있도록 넣어 둔 여분의 연필이나 샤프심이 있을 거예요. 가족끼리 여행을 떠날 때 부모님의 차에는 여분의 타이어가 있고, 가방에는 여분의 옷과 속옷이 있을 거예요. 'spare'는 물건뿐만 아니라 시간과 돈 같은 것에도 쓸 수 있는 표현이에요. 'spare time'은 '여분의 시간', '남는 시간'이라는 의미랍니다.

예문	**Do you have a spare chair?** 당신은 여분의 의자를 가지고 있나요?

repeat
반복하다
같은 일을 되풀이함

'repeat'는 무언가 다시 하거나 말한다는 뜻이에요. 영단어 일력 책의 QR코드로 반복해서 들을 수 있어요. 좋아하는 노래를 스마트폰에 저장해 두었다가 반복해서 들을 수 있지요. 반복에는 좋은 반복과 나쁜 반복이 있어요. 실수를 반복하는 것은 나쁜 반복이겠지요? 반복해서 공부하는 것을 복습이라고 해요. 이건 좋은 반복이에요. 매일 반복해서 운동하는 것, 내가 좋아하는 가수의 노래를 반복해서 듣는 것도 좋은 반복이랍니다. 여러분은 무엇을 반복해서 하나요? 그것은 좋은 반복인가요?

예문
Do not repeat the same mistake.
같은 실수를 반복하지 마세요.

추가 단어   **same** 같은

희생하다
sacrifice

남을 위해 목숨이나 재산같이 귀한 것을 버리거나 바침

'희생하다'는 더 중요하거나 가치 있는 것을 위해 자신이 소중하게 생각하는 것을 포기하는 거예요. 군인은 조국을 지키기 위해 자신의 목숨을 희생할 준비가 되어 있어요. 부모님은 우리를 위해 많은 것들을 희생하시지요. 사랑하는 누군가를 위해 나 자신을 희생하는 것은 참 위대한 일이에요. 아무나 할 수 없는 어려운 일이지요. 내 가족이 아닌 남을 위해 희생하는 분들도 있어요. 혹시 이런 분들을 만난다면 수고하신다는 인사 한마디, 해 보는 게 어떨까요?

예문

They sacrifice everything for their children.
그들은 자녀를 위해 모든 것을 희생한다.

imagine
상상하다
실제로는 없는 것, 보지 못한 것을 머릿속에 떠올림

'imagine'은 존재하지 않는 것에 대해 머릿속에 그림을 떠올리거나 이야기를 만드는 거예요. 지구가 아닌 다른 행성에 사는 것을 상상해 본 적 있나요? 하늘을 날아다니는 상상을 해 본 적은요? 나는 커서 어떤 사람이 될까? 우리 집 강아지와 대화를 나눌 수 있으면 얼마나 신날까? 이런 상상도 할 수 있겠지요? 즐거운 상상은 우리 삶을 더욱 즐겁게 만들어 준답니다. 여러분은 어떤 상상을 자주 하나요?

예문	I can not imagine life without my family.
	나의 가족이 없는 삶은 상상할 수 없다.
추가 단어	without~ ~이 없는

Day

248

토론
debate

서로 의견이 다른 문제를 두고
자기 생각을 말하면서 의논하는 것

 '토론'은 어떤 주제에 대해 서로 다른 생각을 가진 사람들이 찬성 또는 반대 의견을 주장하는 거예요. '일기는 매일 써야 하는 것일까?', '초등학생이 이성 교제를 해도 될까?' 같은 주제에 대해 서로 자신의 생각을 말하는 것이지요. 토론을 잘한다는 것은 목소리가 크고 말이 많은 것과는 달라요. 조용하고 차분하게 말하더라도 자신이 주장하는 바의 근거(이유)를 조목조목 말하고 다른 사람의 말을 잘 듣는 것이 토론 고수의 좋은 태도랍니다.

예문 **The debate topic is interesting.**
토론 주제가 흥미롭다.

추가 단어 **topic** 주제

forgive
용서하다

잘못을 꾸짖거나 벌하지 않고 덮어줌

'forgive'는 누군가 저지른 실수나 잘못에 대해 더 이상 화를 내지 않는 것을 말해요. 사소하게는 아주 작은 거짓말을 용서하는 것부터 나에게 큰 상처를 준 잘못을 용서하는 것까지 다양한 깊이의 용서가 있어요. 세상에서 가장 힘든 일 중 하나가 바로 남을 용서하는 거예요. 용서는 용기 있는 사람만 할 수 있는 일이랍니다. 여러분은 누군가를 용서해 본 적 있나요?

예문

Please forgive me.
제발 저를 용서해 주세요.

정의

justice

진리에 맞는 옳고 바른 도리

'정의'는 윤리, 법, 합리, 공정함 등에 따른, 도덕적으로 올바른 거예요. 범죄자가 잡혀서 법에 따라 벌을 받을 때 정의롭다고 말해요. 인권 운동가, 환경 운동가처럼 인권(사람의 권리), 환경 보호를 위해 애쓰는 사람들도 정의로운 활동을 하는 거예요. 영화 속 슈퍼히어로는 정의를 위해 싸우지요. 이렇게 정의를 위해 악당과 싸우는 사람을 우리는 영웅이라고 불러요. 여러분은 어떤 영웅을 알고 있나요?

예문

Justice is important for a fair society.
정의는 공정한 사회를 위해 중요하다.

추가 단어 **fair** 공정한

destination
목적지

목적으로 삼아 가려고 하는 곳

'destination'은 가야 하거나 누군가 또는 무언가를 보내야 하는 장소를 말해요. 버스나 기차를 타고 친구 집이나 할머니 집에 갈 때 친구 집, 할머니 집이 바로 목적지랍니다. 'destination'을 모르면 해외여행을 다니기 어려워요. 버스표나 기차표를 사려면 'destination'이라는 표현을 알아야 하거든요. 가고 싶은 곳이 바로 목적지가 될 테니까요. 여러분이 여행을 가고 싶은 목적지는 어디인가요?

예문

What is your destination?
당신의 목적지가 어디입니까?

Day
246

의존하다
depend

어떤 일을 혼자 하지 못해 남이나 다른 것의 도움을 받음

'의존하다'는 어떤 식으로든 누군가에게 도움받기를 원한다는 뜻이에요. 우리는 부모님께 의존해서 살고 있어요. 학교에서는 선생님께 의존해서 공부하지요. 우리가 먹는 쌀은 농부에게, 고기는 축산업자에게 의존할 수밖에 없어요. 'depend on~'은 '~에 의존하다'라는 의미예요. 의존하는 대상(사람, 사물)을 'on' 다음에 쓰면 돼요. 우리 주변에는 우리가 의존하고 있는 참 고마운 분들과 자연이 있어요. 그분들께 감사하는 마음을 갖도록 해요.

예문
Plants depend on water to survive.
식물은 살아남기 위해 물에 의존한다.

추가 단어 **survive** 살아남다

calculate
계산하다

덧셈, 뺄셈, 곱셈, 나눗셈으로 수를 셈함

'calculate'는 수학적 또는 논리적 방법으로 숫자나 답을 알아낸다는 의미예요. 쉽게 말해, '3 + 2'의 답을 찾아내는 게 계산이에요. 계산은 참 중요해요. 물건을 사기 전, 미리 계산해서 값을 알아야 내가 가진 돈으로 물건을 살 수 있는지 알 수 있으니까요. 여러분이 어렵게 느끼는 수학의 기초도 바로 계산이랍니다. 계산에 자신이 생기면 수학도 잘할 수 있어요. 기초가 튼튼하면 수학의 성을 쌓는 게 훨씬 쉬워질 테니까요.

예문
We can calculate the speed of light.
우리는 빛의 속도를 계산할 수 있다.

추가 단어 **the speed of light** 빛의 속도

요약

summary

말이나 글에서 중요한 부분만 골라 간추리는 것

'요약'은 어떤 말이나 글에서 중요한 부분을 짧게 줄여 내는 것을 뜻해요. 책 한 권을 읽고 세 줄로 요약하라는 질문을 받으면, 세세한 이야기 말고 큰 틀에서의 줄거리를 말하면 돼요. 책이나 글을 읽은 뒤 요약해 보는 것은 정말 좋은 습관이에요. 문해력, 독해력이 올라가고 무엇보다 자신이 읽은 내용을 더 잘 이해할 수 있게 되거든요. 지금까지 요약을 해 보지 않았다면 지금 이 설명 글부터 한 줄로 요약해 볼까요?

예문

The teacher said that my summary was good.
선생님이 내 요약이 좋다고 말씀하셨다.

anniversary
기념일

뜻깊은 날을 기념하기 위해 정한 날

'anniversary'는 앞선 연도에 이벤트가 있었던 날을 가리켜요. 보통은 그 특별한 날을 매년 같은 날짜에 축하하고 기억하지요. 부모님이 결혼하신 날, 우리 집 고양이를 입양한 날, 학교의 개교기념일 등이 그런 날이에요. 살면서 기념일을 챙기는 일은 참 중요해요. 그런데 자신이 사랑하는 사람들의 중요한 기념일을 기억하지 못하는 경우가 많답니다. 혹시 여러분은 부모님의 결혼기념일을 알고 있나요?

예문	**When is your parents' wedding anniversary?** 당신 부모님의 결혼기념일은 언제인가요?
추가 단어	**parents** 부모님 / **wedding** 결혼

설득하다
persuade
자신의 뜻에 따르도록 말로 설명하거나 타이름

'설득하다'는 누군가에게 어떤 일을 하겠다고 잘 말하는 거예요. 친구네 집에서 하는 파자마 파티에 가고 싶으면 부모님을 설득해야 해요. 이처럼 원하는 것을 얻기 위해 상대방을 설득해야 하는 경우가 있어요. 설득을 잘하기 위해서는 이유가 분명해야 돼요. 억지를 쓰면서 무작정 하고 싶다고 우기는 건 설득이 아니에요. 이유가 분명하고 상대방에게 그 말이 잘 전달되는 것을 영어로 'persuasive(설득력이 있는)'이라고 말한답니다.

예문 **It is hard to persuade her.**
그녀를 설득하는 것은 어렵다.

영단어를 눈으로만 공부하면 안 되는 이유?

영단어를 공부할 때 눈으로만 보는 친구들이 많아. 하지만 절대 그러면 안 되는 이유가 있어. 가장 큰 이유는 영단어는 한글과 달라서 생긴 모양과 소리가 항상 같지 않기 때문이야. '섬'이라는 뜻을 가진 'Island'라는 단어가 있어. 뭐라고 발음해야 할까? 설마 [아이슬란드]로 발음하진 않겠지? 이 단어는 'S'를 발음하면 안 돼. [아일랜드]로 발음해야 돼. 하지만 다른 단어에서는 'S'를 발음하지. 'School[스쿨]'처럼 말이야. 어때? 한국말과는 정말 다르다고 느낄 거야! 그래서 항상 영단어의 발음을 들으면서 공부해야 돼. 발음을 잘못 알아서 창피한 일이 생길 수도 있으니까!

두 번째 이유는 눈으로만 보고 외우면 기억에 오래 남지 않기 때문이야. 우리가 공부한 단어가 오래오래 뇌 속에 기억되는 것을 장기 기억에 저장한다고 표현해. 장기 기억에 남기는 데 있어 눈으로만 보는 건 효과가 떨어지는 방법이야. 보는 것 외에 다양한 자극을 통해 공부하는 게 좋아. 입으로 소리를 내 보고, 손으로 써 보고, 그 단어로 문장을 만들어 보는 거야. 문장을 만드는 게 자신 없다고? 괜찮아! 상관없어. 틀려도 돼! 그냥 연습해 보는 거니까!

영단어를 잘 모르면 절대 영어를 잘할 수 없어. 반대로 영단어를 잘 알면 영어는 무조건 잘하게 돼! 그러니 오늘부터는 눈으로만 하는 영단어 공부, 그만하자. 약속!

빈번한
frequent
어떤 일이 일어나는 경우가 매우 많은

'빈번한'은 어떤 일이 자주 발생하거나 흔하게 일어난다는 뜻이에요. 학교 운동장에서 매일 달리기를 하면 달리기를 빈번하게 한다고 말할 수 있어요. 질병을 예방하기 위해서는 최소한 하루에 세 번 손을 빈번하게 씻어야 해요. 'frequent'의 명사형은 'frequency'예요. '빈도', '자주 일어나는 것'이라는 뜻이지요. '주파수'라는 뜻도 있어서 '라디오(무선) 주파수'를 영어로 'radio frequency'라고 해요.

예문	**We took frequent breaks.** 우리는 빈번하게 휴식을 취했다.
추가 단어	**take breaks** 휴식을 취하다

Easy come, easy go.

쉽게 온 것은 쉽게 간다.

A new language is a new life.

새로운 언어는 새로운 삶이다.

caution

조심

잘못되거나 실수하지 않도록 마음을 쓰는 것

'caution'은 위험이나 실수를 피하기 위해 주의를 기울인다는 뜻이에요. 날카로운 가위를 사용할 때 조심해야 해요. 'caution'이라는 단어를 알고 있어야 다치지 않고 잘 다닐 수 있어요. 미끄러운 바닥이나 공사장 근처에 영어로 'caution'이라고 써 놓는 경우가 많거든요. 앞으로 이 단어를 보면 일단 조심하는 것, 잊지 말아요!

예문
Caution: wet floor.
조심: 바닥이 젖어 있음.

추가 단어 **floor** 바닥

영어 글쓰기(Writing) 고수가 되는 비법!

1. 영어 글쓰기의 뿌리는 읽기

많이 읽어 본 사람이 글도 잘 쓸 수 있어. 이건 우리말도 영어도 마찬가지야. 영어를 많이 읽다 보면 자연스럽게 영어 문장들이 점점 익숙해지거든. 꼭 외우려고 하지 않아도 말이지. 이걸 '습득(acquisition)'이라고 해. 자연스럽게 받아들여지는 거지. 멋지게 영어로 일기를 쓰고 싶어? 그렇다면 우선 영어 일기를 많이 읽어 보자!

2. 하루에 딱 한 문장만 따라 써 보기

하루에 딱 한 문장이라도 괜찮아. 오늘 읽은 영어 문장 중에서 딱 하나만 골라서 따라 써 보는 거야. 처음에는 문법을 몰라도, 원리를 몰라도 괜찮아. 뜻만 잘 통하면 돼. 이렇게 따라 써 보는 게 익숙해지면 영어 문장 쓰기의 감이 점점 좋아질 거야. 처음엔 한 문장으로 시작해서 조금씩 늘려 보자.

3. 글쓰기를 위한 문법 공부하기

문법 공부는 왜 하는 걸까? 문법 문제를 풀기 위해서? NO! 절대 아니야. 문법은 문장이 만들어지는 원리와 규칙을 의미해. 다시 말해, 문법은 문장을 잘 해석할 수 있게 해 주고 글쓰기를 도와주는 훌륭한 도구야. 문법 공부가 정말 중요한 건 바로 이런 이유 때문이야. 그런데 문법 공부를 할 때 문장을 써 보는 연습을 안 하는 친구들이 많아. 그러면 절대로 안 돼! 문법 공부는 문장을 써 보면서 하는 게 절대 원칙이기 때문이지.

contact
연락하다

어떤 소식을 상대방에게 알림

'contact'는 누군가와 소식을 주고받거나 사람 사이가 연결됨을 뜻하는 단어예요. 휴대폰으로 친구에게 카톡을 보내는 것이 바로 'contact'이지요. 누군가와 친해지려면 서로 자주 연락해야 해요. 서로 자주 보고 대화를 많이 해야 친밀감이 쌓일 테니까요. 또한 'contact'는 '연락처'라는 의미도 있답니다. 'contact number'는 '연락처', 즉 '번호'라는 뜻이에요. 여러분은 가장 친한 친구와 얼마나 자주 연락하나요?

예문
Can I contact you later?
제가 나중에 당신에게 연락해도 될까요?

추가 단어 **later** 나중에

번역하다
translate

어떤 나라의 글을 다른 나라의 말로 옮김

'번역하다'는 한 나라의 글을 다른 나라의 언어로 바꾸는 거예요. 이런 과정을 거쳐 다른 나라의 언어를 사용하는 사람의 글을 읽고 그 내용을 이해할 수 있게 되지요. 'translate'는 언어를 글로 바꾸면 '번역하다', 말로 바꾸면 '통역하다'라는 의미를 갖고 있어요. 이 단어 뒤에 '-or'을 붙인 'translator'는 '번역가', '통역가'라는 뜻이에요.

예문

She can translate the text into English.

그녀는 그 글을 영어로 번역할 수 있다.

추가 단어　**text** 글

command
명령하다
윗사람이 아랫사람에게 어떤 일을 시킴

'command'는 누군가에게 어떤 일을 하도록 지시 내리는 거예요. 배가 등장하는 영화를 보면 선장이 선원들에게 "돛을 올려라!", "노를 저어라!", "왼쪽으로!", "오른쪽으로!" 같은 지시를 내리지요? 그것이 바로 명령이랍니다. 주로 군대나 경찰 같은 단체에서 명령을 많이 사용해요. 단어 끝에 '-er'을 붙이면 '~하는 사람'이 돼요. 'commander'는 바로 사령관이라는 뜻이랍니다. 명령하는 사람이니까 사령관, 지휘관이 되는 것이지요.

예문 **He commands the robot to sit.**
그는 로봇한테 앉으라고 명령한다.

묘사하다
describe

어떤 것을 그림 그리듯 쓰거나 말함

'묘사하다'는 그림 그리듯 자세히 설명하는 거예요. 영화에서 사건을 해결하는 과정에 범인의 얼굴 그림(몽타주)을 그리는 장면을 떠올려 보세요. 피해자나 사건을 본 사람(목격자)의 묘사를 바탕으로 그림을 그리지요. "묘사를 잘한다"는 말은 상대방이 이해할 수 있도록 풍부한 어휘로 구체적으로 잘 설명한다는 의미예요. 묘사를 잘하기 위해서는 단어를 많이 알고 있어야겠지요. 그건 영어뿐만 아니라 우리말도 마찬가지 예요.

예문	**Can you describe the scene?**
	그 장면을 묘사할 수 있나요?

추가 단어	**scene** 장면

effort

노력

어떤 일을 이루려고 애쓰는 것

'effort'는 어떤 일을 해내기 위해 들이는 에너지를 뜻해요. 아주 무거운 상자를 들어 올리려고 한다고 상상해 보세요. 젖 먹던 힘까지 주고 "으아!" 하며 기합을 넣을 거예요. 이렇게 열심히 하는 것을 '노력'이라고 한답니다. 살다 보면 노력 없이 이뤄지는 게 별로 없어요. 축구를 더 잘하게 되는 것도, 그림을 더 잘 그리게 되는 것도 모두 노력이 필요하지요. 'effort'라는 단어를 외우기 위해서도 노력이 필요해요.

| 예문 | **We need more effort.**
우리는 더 많은 노력이 필요하다. |

239

결정하다
decide, determine
어떻게 하기로 분명하게 태도를 정함

'결정하다'는 어떤 것을 선택하거나 결론 내리는 것을 의미해요. 매일 아침 학교에 갈 때 어떤 옷을 입을지 결정하지요. 우리는 무엇을 먹을지, 무엇을 볼지, 무엇을 할지 등 많은 결정을 하며 살아요. '결정 장애'라는 말이 있지요? 결정을 내리지 못하고 고민하는 사람들이 꽤 많아요. 'decide, determine' 모두 '결정하다'라는 뜻이지만 'determine'은 'decide'보다 좀 더 공식적인 결정을 할 때 쓰여요.

예문

I can not decide what to wear.
나는 무엇을 입을지 결정할 수 없다.

Tests determine our grades.
시험으로 성적이 결정된다.

추가 단어 **what to wear** 무엇을 입을지 / **grade** 성적

invent

발명하다

세상에 없던 기술이나 물건을 만들어 냄

'invent'는 누군가 새로운 아이디어나 방법을 생각해서 그것을 실현해냈다는 의미예요. 휴대폰은 누가 발명했을까요? 그 사람이 멋진 아이디어를 떠올리지 않았더라면 오늘날 우리가 휴대폰을 사용할 수 없었을 거예요. 세상은 이렇게 위대한 발명가들의 발명으로 점점 더 발전하고 있어요. 이런 위대한 발명품에는 어떤 것들이 있을까요? 또 누가 무엇을 발명했는지 궁금하지 않나요? 한번 검색해 보세요!

| 예문 | **I want to invent a new toy.**
나는 새로운 장난감을 발명하고 싶어요. |

향상시키다
improve
기능이나 수준이 높아지게 함

'향상시키다'는 무언가를 더 좋게 만들거나 더 잘하게 하는 거예요. 책을 많이 읽으면 어휘력과 지식 수준이 향상돼요. 어떤 과목의 성적을 향상시키고 싶다면 그 과목을 많이 공부해야 돼요. 축구 실력, 농구 실력, 친구들과 사이좋게 지내는 사교성도 향상시킬 수 있는 것들이에요. 처음부터 뭐든 잘할 수는 없지만 연습과 잘될 것이라는 믿음만 있다면 어떤 것이든 향상시킬 수 있답니다. 여러분은 무엇을 향상시키고 싶나요?

예문
I need to improve my English.
나는 내 영어를 향상시킬 필요가 있다.

추가 단어 **need to~** ~할 필요가 있다

outcome

결과

어떤 사정 때문에 생긴 일

'outcome'은 어떤 행동, 상황, 또는 결정 때문에 나타난 거예요. 친구들과 보드게임을 해요. 게임이 끝나면 누군가는 이기고 누군가는 지겠죠? 이기고 지는 것이 바로 '결과'랍니다. 앞에서 공부한 단어 중 'outcome'과 단짝인 단어가 있다면 바로 'effort'예요. 좋은 결과를 얻기 위해서는 노력해야 하기 때문이지요.

예문

The outcome was great.
결과가 훌륭했다.

구체적인

concrete

어떤 사물이 눈으로 볼 수 있도록 모양을 갖춘

'구체적인'은 쉽게 이해할 수 있는 실제적인 상태를 가리켜요. 집에 돌아오는 시간을 "학교 끝나고"처럼 말할 수도 있지만 "4시 30분"이라고 말할 수도 있어요. "4시 30분"이 훨씬 구체적이고 정확한 대답이에요. 부모님께 새 자전거를 사 달라고 할 때, 부모님이 새 자전거가 가지고 싶은 구체적인 이유를 물어보실 수도 있어요. 여러분은 뭐라고 대답할 건가요?

예문 We need concrete evidence.
우리는 구체적인 증거가 필요하다.

추가 단어 evidence 증거

satisfy
만족시키다

마음에 들어 부족함이 없다고 느끼게 함

'satisfy'는 누군가의 기대, 필요 등을 채워 줘 더 이상 바라는 것이 없다고 느끼도록 하는 거예요. 정말로 배가 고플 때 여러분이 좋아하는, 엄마가 해 주신 맛있는 음식을 마음껏 먹는다고 상상해 보세요. 너무 좋겠죠? 하지만 배가 잔뜩 부르면 아무리 좋아하던 음식도 더 이상 먹고 싶지 않아질 거예요. 이런 경우, '엄마의 맛있는 음식이 나를 만족시켰다'라고 표현할 수 있어요. 여러분이 오늘 한 일들 중 가장 만족스러웠던 것은 무엇인가요?

예문

The story did not satisfy me.
그 이야기는 나를 만족시키지 못했다.

극복하다
overcome
어렵고 힘든 일을 잘 이겨 냄

'극복하다'는 문제나 장애물, 두려움 등을 잘 이겨 낸다는 뜻이에요. 물을 무서워 하던 사람은 수영을 배워 물에 대한 두려움을 극복할 수 있어요. 스스로 수포자라고 부르는 친구들도 열심히 노력하면 수학에 대한 어려움과 두려움을 극복할 수 있어요. 자신의 단점을 극복하는 건 매우 중요한 일이에요. 그래야 성장하고 발전할 수 있거든요. 늦잠 자기, 숙제 몰아서 하기 말고 또 우리가 극복해야 할 습관에는 무엇이 있을까요?

예문
I will overcome my fear.
나는 나의 두려움을 극복할 것이다.

Day
128

reduce
줄이다

물체의 길이나 넓이, 부피 등을 원래보다 작게 함

'reduce'는 크기, 수량, 개수, 금액 등을 원래보다 줄이는 것을 의미해요. 전자 제품을 사용하지 않을 때 플러그를 뽑으면 에너지 낭비를 줄일 수 있어요. 플라스틱 병과 종이를 재활용하면 쓰레기를 줄일 수 있지요. 설탕이 들어간 음식을 먹지 않고 열심히 운동하면 몸무게를 줄일 수 있어요. 이때 사용하는 단어가 'reduce'예요. '몸 무게를 줄이다'는 영어로 'reduce my weight'라고 표현할 수 있지요.

예문
Can you reduce the volume?
음량(볼륨) 좀 줄여 줄 수 있나요?

추가 단어 **volume** 음량, 볼륨 / **weight** 무게

민주주의
democracy

국민이 나라의 주인이며, 국민의 대표자가 국민의 뜻에 따라 나라를 이끌어 가는 정치제도나 사상

'민주주의'는 사람들이 투표로 대통령, 국회의원, 시장 등 국민의 대표자를 직접 뽑는 제도예요. 우리 반을 대표하는 회장, 반장을 뽑는 것처럼요. 또한 민주주의 국가에서는 나라의 주인이 국민이기 때문에 투표를 통해 국가를 운영하는 데 의견을 낼 수 있어요. 그리고 대표로 뽑힌 사람들이 국민을 대표해서 나라를 운영하지요. 투표할 수 있는 권리 말고 민주주의의 특징에는 또 무엇이 있을까요? 한번 찾아보세요.

예문
In a democracy, citizens can vote.
민주주의에서는 시민들이 투표를 할 수 있다.

추가 단어   **vote** 투표하다

promise
약속하다
다른 사람과 앞으로의 일에 대해서 미리 정함

'promise'는 어떤 일을 할지 미리 정한다는 뜻이에요. 숙제를 끝낸 뒤 좋아하는 만화책을 마음껏 보기로 부모님과 약속하거나 내일 친구와 도서관에 같이 가기로 약속하는 것처럼요. 약속할 때 쓰는 또 다른 표현으로 'You have my word'가 있어요. 글자 그대로 해석하면 '내 말을 가져' 정도가 되겠지요. 여기서 'word'는 '약속', '맹세'라는 의미로 쓰였어요. 그래서 '약속해', '맹세해'라는 의미가 되지요. 여러분은 누구와 어떤 약속을 했나요?

예문

I promise you.
약속할게.

발송하다
send

물건이나 서류 등을 우편으로 보냄

'발송하다'는 우편, 이메일 등의 전달 방식으로 한 장소에서 다른 장소로 무엇인 가를 보내는 거예요. 편지 발송, 소포 발송, 이메일 발송, 문자 발송 등이 바로 그런 것 이지요. 스마트폰의 언어를 영어로 바꾸면 문자 메시지나 카카오톡을 보내는 버튼에 'send'라고 쓰여 있을 거예요. 이것이 바로 문자나 톡을 발송한다는 뜻이랍니다.

예문
I forgot to send an email.
이메일 발송하는 것을 잊어버렸다.

추가 단어
forget to~ ~하는 것을 잊어버리다

courage
용기

씩씩하고 굳센 마음

'courage'는 두려움, 위험, 고통이 있어도 이겨 낼 수 있는 힘이에요. 불 속에 갇힌 아이를 구해 내기 위해 불타는 건물에 뛰어드는 소방관을 보고 우리는 엄청난 용기를 가진 사람이라고 얘기하지요. 다른 사람을 용서하는 데도 커다란 용기가 필요해요. 또한 용기 있는 자만이 꿈을 이룰 낼 수 있어요. 좋아하는 게임을 적당히 하고 그만두는 것도 용기가 필요한 일이랍니다. 여러분은 이번 주에 용기 있게 한 행동이 있었나요? 있었다면 무엇인가요?

예문	**You have a lot of courage.** 너는 많은 용기를 가졌구나.
추가 단어	**a lot of** 많은

수집하다
collect

취미 등으로 어떤 것을 찾아서 모음

'수집하다'는 비슷한 물건을 한데 모으는 거예요. 어렸을 때 좋아했던 미니카를 보관하면서 계속 추가로 사거나 선물을 받아요. 이렇게 모은 것들을 어떤 장소에 늘어놓는다면, 이것을 미니카 수집이라고 말할 수 있어요. 수집을 취미로 하는 사람들은 참 많아요. 우표, 동전, 음반, 포토 카드, 인형, 기념품, 바닷가나 길거리에서 주워 온 조개나 돌 등 사람들이 수집하는 것은 정말 다양해요. 여러분은 혹시 수집하고 있거나 수집하고 싶은 물건이 있나요?

예문

I collect stamps from different countries.

나는 다른 나라들의 우표를 수집한다.

추가 단어 **stamp** 우표

certain

확실한

틀림없이 그러한

'certain'은 어떤 것에 의심할 부분이 없는 상태를 말해요. 해가 동쪽에서 뜨고 서쪽으로 지는 것은 확실한 사실이지요? 일기예보를 보고 "내일은 비가 올 것이 확실해"라고 말할 수 있어요. 아래 예문의 "I am certain"은 자신의 말이 확실히 맞다고 생각될 때 자신 있게 하는 표현이에요. 같은 뜻을 가진 문장으로 "I am sure"가 있어요.

예문

I am certain.
나는 확신합니다.

양심

conscience

옳고 그름을 가려 도리를 지키려는 마음

'양심'은 자신의 행동에서 무엇이 옳고 그른지 결정할 수 있도록 도와주는 마음의 소리예요. 놀이터에서 돈이 잔뜩 들어 있는 지갑을 발견했는데, 그 돈을 가질지 경찰서나 어른에게 전달해서 주인을 찾아 돌려줄지 결정하는 게 바로 양심이에요. 다른 사람은 속일 수 있어도 나 자신은 속일 수 없어요. 우리 모두 양심에 떳떳한 인생을 살도록 노력해야 해요. 그런데 단어가 좀 길죠? 'con + science(과학)'라고 외우면 조금 쉬울 거예요.

예문

My conscience told me that it was wrong.
내 양심이 그것은 잘못이라고 내게 말했다.

available
이용할 수 있는

필요에 따라 어떤 것을 알맞게 사용할 수 있는

'available'은 무언가를 사용하거나 가져갈 준비가 된 상태를 의미해요. 숙제를 마치면 게임을 (이용)할 수 있어요! 학교 도서관에 예약해 둔 책이 반납되면 책을 이용할(빌릴) 수 있지요! 수영장은 수영 강습이 끝나면 무료로 이용할 수 있어요! 'available'은 해외여행을 할 때도 정말 많이 쓰는 표현이에요. 숙소에서 이용 가능한 방을 찾을 때도 쓰고, 식당에서도 쓴답니다. 꼭 기억해 놓자고요!

| 예문 | **Is this chair available?**
이 의자를 이용할 수 있나요? |

연기하다
delay
정해진 때를 뒤로 미룸

'연기하다'는 어떤 일이나 이벤트를 나중으로 미룬다는 뜻이에요. 비가 오면 놀이공원에 가기로 한 계획을 연기하지요. 재미있는 애니메이션을 보느라 잠잘 시간을 연기하기도 해요. 날씨가 좋지 않아서 비행기가 연기(지연)되는 경우도 많아요. 공항에 가면 전광판을 한번 살펴보세요. 'delay'라는 글자가 씌어 있다면, 비행기 출발이 연기됐다는 뜻이에요.

예문	**Can you delay the meeting?** 회의를 연기할 수 있나요?
추가 단어	**meeting** 회의, 만남

confidence

자신감

어떤 일을 할 수 있다고 스스로 믿는 마음

'confidence'는 자신이 할 수 있다고 굳게 믿는 마음을 가리켜요. 처음 자전거를 배울 때 보조 바퀴를 떼어 내도, 잡고 있는 사람이 손을 놓아도 넘어지지 않을 거라는 확신, 즉 '자신감'이 있어야 비로소 자전거를 조금씩 제대로 탈 수 있게 돼요. 자신감을 갖고 영단어 공부를 하면 성공할 가능성이 몇 배로 더 커진답니다. 마음가짐은 그만큼 중요해요. 다른 일들도 마찬가지이지요.

예문

With confidence, you can do it.
자신감을 가지면, 너는 할 수 있다.

관련시키다
relate

어떤 사람, 일 등을 서로 관계 맺게 함

'관련시키다'는 둘 이상의 사물이 어떤 관계인지 설명하는 말이에요. 공룡과 새의 조상은 어떤 관련이 있을까요? 지구와 화성은 어떤 관련이 있을까요? 알파벳을 배우는 것과 영어 듣기는 어떤 관련이 있을까요? 이처럼 겉으로는 달라 보이지만 서로 관련 있는 두 대상을 말할 때 아래 예문처럼 'be related to'를 활용해 볼 수 있어요. 여러분은 관련 있는 서로 다른 두 대상으로, 어떤 것들을 알고 있나요?

예문

The movie is related to a true story.
영화는 실제 이야기와 관련 있다.

추가 단어 be related to~ ~와 관련 있다

rare

희귀한

아주 드물어서 좀처럼 볼 수 없는

'rare'는 자주 발견되지 않아서 특이한 것을 의미해요. 네잎클로버는 가끔 발견되는 희귀한 것으로 행운을 상징하지요. 파란 장미도 매우 희귀해서 일반적인 꽃집에서는 구하기 어려워요. 우리가 흔히 말하는 '레어템'은 바로 이 단어에서 나온 표현이에요. 'rare Item', '희귀한 아이템'을 줄여서 말하는 것이지요.

예문	**I found a rare coin.** 나는 희귀한 동전을 발견했다.
추가 단어	**coin** 동전

기능
function
기계의 역할이나 작용

'기능'은 일종의 쓰임을 뜻해요. 가위의 기능은 자르는 것이고, 우리 몸속 폐의 기능은 호흡하는 거예요. 화재경보기의 기능은 불이 났을 때 알려 주는 것이지요. 컵은 물을 담는 기능, 냉장고는 음식을 시원하게 만드는 기능을 한답니다. 이처럼 우리 눈에 보이는 물건은 다 제각기 고유의 기능이 있어요. 여러분이 다니는 학교는 어떤 기능을 하는 곳일까요? 곰곰이 생각해 보세요!

예문
What is the function of this button?
이 버튼의 기능은 무엇인가요?

추가 단어 **button** 버튼, 단추

reject
거부하다

남의 뜻이나 생각을 물리치고 받아들이지 않음

'reject'는 누군가의 생각을 받아들이지 않는다는 의미예요. 저녁 식사를 하기 전에 아이스크림을 먹겠다는 내 의견을 엄마가 거부할 때도, 공포 영화를 보자는 친구들의 제안을 거부하고 재미있는 영화를 보자고 얘기할 때도 모두 'reject'를 써요. 즉, 다른 사람의 주장이나 계획을 받아들이지 않을 때 쓰는 표현이랍니다. 이런 상황에서는 상대방의 감정이 상하지 않게 조심스럽게 말하는 게 기본적인 예의예요. 그렇게 할 수 있지요?

예문	**I won't reject your help.** 나는 당신의 도움을 거부하지 않을 거예요.

추가 단어	**won't~ = will not~** ~하지 않을 것이다

호흡하다
breathe

숨 쉼

'호흡하다'는 공기를 마셨다가 내뱉는 행동이에요. 호흡은 생명을 유지하기 위해서 자연스럽게 하는 행동이지요. 긴장하거나 안정을 취할 때는 심호흡을 해요. 호흡은 우리 사람만 하는 게 아니에요. 강아지도 고양이도 돌고래도 모두 호흡을 해요. 동물만 호흡하는 것도 아니에요. 식물도 호흡을 한답니다. 식물은 과연 어떻게 호흡을 할까요? 백과사전이나 인터넷에서 한번 찾아볼까요?

예문 **We breathe air to live.**
우리는 살기 위해 공기를 호흡한다.

추가 단어 **to live** 살기 위해서

tax

세금

나라나 지방자치단체가 국민들에게 걷는 돈

'tax'는 사람들이 나라나 사는 지역에 내는 돈이에요. 나라와 지역에서는 이 돈으로 학교, 도서관, 도로 등을 짓고 사정이 어려운 사람들을 돕고 경찰과 군대를 운영해요. 이렇게 직접 내는 세금 외에 간접적으로 내는 세금도 있어요. 물건을 살 때 가격에 보통 10%의 세금이 포함되어 있어요. 과자 한 봉지 값이 990원이라면, 이 중 90원은 세금인 것이지요. 세금은 시민이자 국민으로서 당연히 부담해야 할 의무예요. 여러분도 어른이 되면 세금을 잘 내야 해요!

예문

The tax is 10%.
세금은 10%입니다.

피해자
victim

생명, 신체, 재산 등에 해를 입은 사람

'피해자'는 어떤 사건이나 행동으로 해를 입거나 다치거나 고통받는 사람을 가리켜요. 교통사고를 당한 사람도 피해자예요. 가끔 뉴스에 나오는 나쁜 사건으로 인해 다치거나 돈을 잃거나 손해를 본 사람들도 모두 피해자이지요. 아래 예문의 'bullying'은 약한 친구를 괴롭히고 왕따, 은따시키는 것을 의미하는 단어예요. 이런 일을 당한 친구는 괴롭힘의 'victim'이라고 할 수 있어요. 왕따, 은따는 정말 나쁜 일이에요! 그런 행동은 절대로 해선 안 돼요!

| 예문 | **He is a victim of bullying.**
그는 괴롭힘의 피해자다. |

추가 단어 | **bullying** 괴롭힘

target

목표

이루고 싶은 것

'target'은 이루고 싶은 것, 달성하고 싶은 것을 가리켜요. 다트 게임을 할 때 정중앙을 맞히려고 노력하지요? 그때 그 중앙 지점을 'target'이라고 할 수 있어요. 영화 속 슈퍼히어로는 악당이 'target'이에요. 앞서 배운 단어들 중 'target'과 비슷한 의미의 단어로 무엇이 있을까요? 한번 이야기해 보세요.

| 예문 | **I missed the target.**
목표를 놓쳤습니다. |

편견
bias

한쪽으로 치우친 잘못된 생각

'편견'은 개인적인 생각 때문에 어떤 사람이나 사물을 좋아하지 않거나 반대하는 거예요. 완두콩이나 가지는 맛없을 것이라는 편견을 가진 사람들이 많아요. 이것들을 이용한 요리 중에는 놀랄 만큼 맛있는 것도 많답니다. 단지 우리가 먹어 보지 않았을 뿐이지요. 편견은 사람과 물건, 그리고 세상을 좁게 보는 행동이에요. 여러분은 반 친구들에 대해 편견을 갖고 있지는 않나요? 가지고 있다면 그것은 무엇인가요?

예문	**Try not to have a bias.** **편견을 갖지 않으려고 노력해 보세요.**
추가 단어	**try not to~** ~하지 않으려고 노력하다

tradition

전통

한 집단에 대대로 전해 내려오는 것

'tradition'은 사람들이 오랫동안 해 온 특별한 행위를 의미해요. 크리스마스트리를 장식하거나 모두의 축하를 받으며 생일 케이크의 촛불을 끄는 것처럼 가족이나 그룹이 반복적으로 하는 특별한 활동이라고 생각하면 돼요. 추석과 설날 같은 명절은 우리나라 사람들이 지켜 온 오래된 전통이에요. 대대로 내려오는 가족만의 전통이 있는 경우도 있어요. 혹시 여러분은 만들고 싶은 가족 전통이 있나요?

예문
We have a family tradition.
우리는 가족 전통을 가지고 있습니다.

운명
destiny
세상 모든 것을 결정한다고 믿는 강한 힘

'운명'은 초자연적인 힘으로 인해 미리 정해진 것처럼 보이는 미래의 일을 의미해요. 메시나 손흥민 선수는 축구 선수가 자신의 운명이라고 믿을 거예요. 우리 엄마와 아빠는 서로를 만난 것이 운명이라고 생각해요. 보통 운명은 바꿀 수 없는 것이라고 생각해요. 하지만 '내 성격', '내 성적'처럼 바꿀 수 있는 운명도 있어요. 영어를 열심히 공부하면 좀 더 넓은 세상에서 더 많은 기회를 얻게 될 거예요. 운명을 스스로 바꾸는 거예요! 멋지지 않나요?

| 예문 | **We can change our destiny.**
우리는 우리의 운명을 바꿀 수 있다. |

urgent
긴급한

아주 중요하고 급한

'urgent'는 매우 중요하고 즉시 해야 되는 일이 있는 상황을 말해요. 시험을 보다가 갑자기 화장실에 가고 싶어져요. 이런 상황을 바로 'urgent'로 표현할 수 있어요. 살다 보면 긴급하게 연락해야 하는 상황이 종종 벌어져요. 누군가 아프거나 집에 큰일이 생겨 빨리 연락해야 하는 상황 말이지요. 이런 때에 대비해 부모님 전화번호나 집 주소 등 우리 가족의 비상 연락처를 알고 있나요? 이번 기회에 부모님과 함께 긴급 상황 대비 매뉴얼을 만들어 보세요!

예문	**This is an urgent message.** 이것은 긴급한 메시지입니다.
추가 단어	**message** 메시지

소유하다
own
어떤 것을 자기 것으로 가지고 있음

'소유하다'는 어떤 것을 자기 것으로 가지고 있다는 뜻이에요. 여러분이 제일 아끼는 물건은 무엇인가요? 만약 자전거라면, '나는 자전거를 소유하고 있다'라고 말할 수 있어요. 연예인 포토 카드나 슬라임을 모으고 있다면, 그것 역시 소유하고 있는 것이지요. 단어 뒤에 접미사 '-er' 또는 '-or'을 붙이면 '~하는 사람, ~하는 것'이라는 의미가 돼요. 'hunter(사냥꾼)', 'painter(화가)', 'inventor(발명가)'처럼 말이지요. 'owner'는 '소유한 사람'이라는 의미예요.

예문	**They do not own a computer.** 그들은 컴퓨터를 소유하고 있지 않다.

honor

명예

세상 사람들이 훌륭하다고 인정하는 자랑스러운 이름

'honor'는 누군가에게 존경받는 것을 뜻해요. 좋은 일을 해서 학교 친구들 앞에서 칭찬을 받는다거나 놀라운 일을 해냈다고 사람들에게 박수 받는 것 같은 상황이지요. 스포츠 경기든 게임이든 모든 경쟁에는 이기는 사람과 지는 사람이 있기 마련이에요. 그런데 이긴다고 해서 무조건 명예로운 건 아니에요. 그 과정에서 얼마나 상대방을 존중하고 규칙을 지키면서 싸웠는지, 명예롭게 경쟁했는지가 훨씬 더 중요하답니다.

| 예문 | **Play the game with honor.**
명예롭게 게임을 하세요. |

개발하다
develop

땅이나 자원 등을 쓸모 있게 만듦

'개발하다'는 땅이나 자원 등을 쓸모 있게 만들거나 지식, 재능을 발달시킨다는 뜻이에요. 어떤 식으로든 성장한다는 의미이지요. 학교 운동장에 수영장이 있는 체육관을 짓는 것을 개발한다고 표현해요. 영어 실력을 키우고 싶어서 매일 일력 책으로 공부하는 여러분은 영어 실력이 개발되고 있는 상태랍니다. '개발하다'와 비슷한 단어로 '계발하다'가 있어요. 두 단어는 어떤 차이가 있을까요? 국어사전에서 한번 찾아봅시다!

예문

Our city will develop a new park.
우리 도시는 새로운 공원을 개발할 것이다.

mention
언급하다
어떤 일에 대해 말함

'mention'은 무언가에 대해 말한다는 의미예요. 선생님께서 내일 깜짝 시험을 보겠다고 말씀하실 수도 있고, 부모님께서 이번 주말에 근교로 여행을 가자고 말씀하실 수도 있지요. 이런 상황에서 모두 '언급하다'라는 의미의 'mention'을 사용해요. 영어에서 흔히 쓰이는 표현 중 'Don't mention it'이 있어요. 'You're welcome', 즉 '천만에요', '별말씀을요'와 같은 의미이지요. 누군가 "Thank you"라고 말하면 꼭 이렇게 대답해 보세요!

| 예문 | **Did you mention my name?**
제 이름을 언급하셨나요? |

수입하다
import

다른 나라에서 물건, 기술, 문화 등을 들여옴

'수입하다'는 물건이나 서비스 등을 다른 나라에서 가져오는 거예요. 파인애플은 우리나라에서 잘 자라지 않아 보통 해외에서 수입하지요. 아쿠아리움에는 열대지방이나 극지방의 동물들이 수입되어 있어요. 'port'는 배가 드나드는 '항구'이고 'im-'은 '안으로'라는 뜻을 가지고 있어서 'import'는 물건을 실은 배가 우리나라 안으로 들어온다는 뜻으로, '수입하다'라는 단어가 되었어요. '밖으로'라는 뜻을 가진 'ex-'를 붙이면 'export(수출하다)'가 된답니다.

예문	**Many countries import oil.** 많은 나라에서 석유를 수입한다.

추가 단어 **oil** 석유

expert
전문가

어떤 일에 전문적인 지식과 경험을 가진 사람

'expert'는 특정 주제나 기술을 오랫동안 공부하거나 연습해서 깊이 알고 있는 사람이에요. 요리 전문가, 자동차 전문가, 춤 전문가 등 세상에는 다양한 분야의 전문가가 있어요. 전문가가 된다는 건 정말 멋진 일이에요. 여러분은 어떤 분야의 전문가가 되고 싶나요? 'I will be an expert in A.' '나는 A에 관한 전문가가 될 거야'라는 표현이에요. A를 채워서 당당하게 말해 보세요.

| 예문 | **She is a computer expert.**
그녀는 컴퓨터 전문가다. |

불이익
penalty
보탬이나 이익이 되지 않음. 손해

'불이익'은 규칙이나 법을 어길 때 받는 손해를 가리켜요. 도서관에서 책을 빌릴 때 반납일을 지키지 않으면 지난 날짜만큼 새 책을 빌릴 수 없는 등 불이익을 받게 돼요. 학교에서도 수업 시간에 친구와 떠들거나 숙제를 해 오지 않으면 벌점이나 벌칙 등으로 불이익을 받지요. 축구 경기에서 규칙을 위반하거나 반칙을 하면 '페널티킥' 기회가 주어져 상대편이 우리 골문 앞에서 슛을 할 수 있어요. 쉽게 점수를 얻을 기회를 얻는 것이지요.

예문

If you are late, there will be a penalty.
만약 당신이 늦는다면, 불이익이 있을 것이다.

upset
속상한

걱정스럽거나 화나는 일로 마음이 아픈

'upset'은 어떤 일에 대해 슬프거나 걱정되거나 화가 나는 상태를 의미해요. 좋아하는 장난감을 잃어버렸거나 기대했던 놀이동산에 못 가게 되었을 때 어떤 마음이 들까요? 속상하다는 것은 바로 그런 상황에서 느껴지는 감정이에요. 이런 감정이 조금 심해지면 속이 뒤집힐 것만 같지요. 그래서인지 'upset'에는 '뒤엎다'라는 뜻도 있어요. 단어를 따라 읽으면서 속상했던 기억을 떠올려 보세요. 더 쉽게 외울 수 있을 거예요.

| 예문 | **She is upset about the test.**
그녀는 시험 때문에 속상하다. |

공유하다
share

두 사람 이상 함께 가지거나 나누어 씀

'공유하다'는 내가 가진 것의 일부를 다른 사람에게 준다는 의미예요. 준비물을 가져오지 못한 친구와 내 준비물의 일부를 공유할 수 있어요. 형이나 언니와 방을 공유한다면 각자의 공간을 깨끗하게 정리해야겠죠? 좋아하는 친구와 내가 제일 좋아하는 과자를 공유해서 나눠 먹을 수도 있어요. 유튜브나 SNS에는 공유 기능이 있어요. 다른 사람과 지금 보는 것을 같이 보고 싶을 때 누르면 돼요. 여러분은 누구와 어떤 유튜브 영상을 공유하고 싶나요?

예문
My friend and I share a secret.
내 친구와 나는 비밀을 공유한다.

추가 단어 **secret** 비밀

recover

회복하다

약하거나 나빠진 것이 원래 상태로 되돌아감

'recover'는 나쁜 일이 일어난 후 나아지거나 정상 상태로 되돌아간다는 뜻이에요. 열심히 공부하고 일어나다가 의자에 걸려 무릎이 까졌는데 며칠 후 낫는 것처럼 건강이 나빠졌다가 좋아지는 것도 회복이고, 경제가 나빠졌다가 다시 좋아지는 것도 회복이에요. 기분이 나빠졌다가 다시 좋아지는 것도 회복이라고 한답니다. 어찌 되었든 회복은 좋은 일이지요.

예문

He will recover soon.
그는 곧 회복할 것이다.

때때로
sometimes

때에 따라서 가끔

'때때로'는 항상 일어나는 일은 아니지만 전혀 일어나지 않는 일도 아닌, '항상'과 '절대로'의 중간 의미예요. 매일 아침 7시에 일어나기로 약속한 우리 집이지만 엄마가 주말에 때때로 늦잠 자는 것을 허락해 주세요. 때때로 숙제를 깜빡해서 학교 가기 전 급하게 숙제를 하는 경우가 있어요. 이처럼 '때때로'는 가끔 일어나는 사건을 말한답니다. 'sometimes'에서 끝의 's'를 뺀 'sometime'은 '언젠가'라는 뜻이에요. 의미를 구분해서 함께 알아 두면 좋겠지요!

예문

We go to the park sometimes.
우리는 때때로 공원에 간다.

quality

질

어떤 물건의 바탕이 되는 성질

'quality'는 어떤 것이 얼마나 좋은지, 얼마나 가치 있는지 의미하는 말이에요. 아이스크림이 2개 있는데, 둘 중 달콤하고 부드럽고 맛있는 아이스크림이 더 질이 좋다고 할 수 있지요. 옷을 살 때도, 전자 제품을 살 때도 가격은 조금 비싸지만 질이 좋은 것을 선택해야 돼요. 그래야 오래 쓸 수 있으니까요. 쌤 생각에 음식은 맛과 질도 중요하지만 양도 중요한 것 같아요. 여러분은 둘 중 하나만 고른다면 질인가요? 양인가요?

| 예문 | **The sound quality is amazing.**
음질이 놀랍다. |

예방하다
prevent

병이나 사고 등이 일어나기 전에 미리 막음

'예방하다'는 어떤 일이 일어나지 않도록 막는 거예요. 책을 읽다가 책갈피를 끼워 놓거나 읽던 페이지를 접어 놓는 것은 다음에 읽을 때 어디까지 읽었는지 잊지 않도록 예방하는 행동이에요. 아침에 알람을 맞춰 두었다가 일어나면 학교에 지각하는 것을 예방할 수 있어요. 건강하고 행복하게 지내기 위해서는 예방하는 능력이 중요해요. 손 씻기로 감기를 예방할 수 있어요. 자전거를 탈 때 헬멧을 쓰면 머리 부상을 예방할 수 있답니다.

예문

Sunscreen prevents sunburn.
선크림은 햇볕에 심하게 타는 것을 예방한다.

추가 단어 **sunscreen** 선크림 / **sunburn** 햇볕에 심하게 탐

industry

산업

삶을 풍요롭게 하는 물건이나 서비스를 만드는 회사, 조직

'industry'는 어떤 상품을 만들거나 서비스를 제공하는 회사 등을 가리켜요. 영화나 TV 프로그램을 만드는 회사는 엔터테인먼트 산업이라고 해요. 병원, 의약품 제조, 의학 연구 등을 하는 회사는 의료 산업이라고 하지요. '산업'이라고 하니 어렵게 느껴지나요? 음악 산업, 음식 산업, 수산업, 미용 산업 등 우리에게 친숙한 산업도 있답니다. 언젠가는 여러분도 어떠한 산업 분야에서 일하는 날이 오겠지요?

| 예문 | **I work in the music industry.**
나는 음악 산업에서 일하고 있다. |

공식적인
official
나라나 사회 등에서 마땅하다고 인정된

'공식적인'은 나라나 사회 같은 단체에서 인정한다는 의미예요. 표준어, 국가(애국가), 국화(무궁화) 같은 것들이 있지요. 축구 심판은 경기에 참여한 모든 선수들이 규칙을 따르도록 하는, 축구협회에서 인정한 공식적인 사람이에요. 혹시 '뇌피셜'이라는 표현, 들어 봤나요? 'official'과 반대되는 뜻을 가진 말로, 쉽게 말해 공식적이지 않은 '자신의 뇌(머리) 속 생각'이라는 의미이지요.

예문
He is an official referee.
그는 공식 심판이다.

추가 단어 **referee** 심판

flexible

유연한

부드럽고 연한

'flexible'은 부러지지 않고 쉽게 구부러지는 상태를 말해요. 휙휙 구부러지는 장난감이나 잘 늘어나는 고무줄을 떠올리면 쉽게 이해될 거예요. 체조 선수들은 다리를 활처럼 찢기도 하지요? 체조 선수만큼은 아니어도 몸을 잘 구부리고 펴는 사람을 보고 '유연하다'고 해요. 여러분은 유연한 몸을 가지고 있나요 아니면 몸을 구부리면 '악' 소리가 절로 나는 뻣뻣한 몸을 가지고 있나요?

예문 **He is very flexible.**
그는 매우 유연하다.

교환하다
exchange
물건을 서로 주고받아 바꿈

'교환하다'는 같은 종류나 같은 가치의 무언가를 서로 주고받는다는 뜻이에요. 한국 돈과 미국 돈을 교환할 때는 같은 가치의 돈을 주고받아요. 이를 '환전'이라고 해요. 캠프에서 만난 다른 지역에 사는 친구와 전화번호나 이메일 주소를 교환할 수도 있지요. 이처럼 교환할 수 있는 대상은 정보, 소식, 생각, 감정 등 다양하답니다. 이밖에 교환할 수 있는 것에는 무엇이 있을까요?

예문
We exchange gifts on Christmas.
우리는 크리스마스에 선물을 교환한다.

추가 단어 **gift** 선물

challenge
도전
어렵고 이루기 힘든 일에 용감하게 맞서는 것

'challenge'는 어려운 일을 해결하거나 극복하기 위해 노력하는 거예요. 어려운 퍼즐을 풀거나 높은 산에 오르는 것은 능력과 노력이 필요한, 해내기 쉽지 않은 일이기에 도전이라고 할 수 있어요. 여러분의 삶도 도전의 연속일 거예요. 태권도 검은 띠를 따는 것도 도전이고, 영단어 100개를 외우는 것도 도전이지요. 도전 없이는 누구도 성장할 수 없어요. 여러분은 지금 어떤 도전을 하고 있나요?

예문 | **I accepted the challenge.**
나는 도전을 받아들였다.

추가 단어 | **accept** 받아들이다

접근하다
approach
가까이 다가감

'접근하다'는 거리나 시간적으로 무언가 또는 누군가와 가까워진다는 뜻이에요. 자동차는 사람들이 건너가는 횡단보도에 접근하면 멈추지요. '무궁화 꽃이 피었습니다' 게임을 할 때는 술래가 돌아선 틈에 재빨리 접근해야 돼요. 지하철 영어 안내 방송을 잘 들어 보면 "The train is approaching"이라고 해요. 바로 열차가 접근하고 있다는 의미이지요.

| 예문 | **The cat approaches the mouse.**
고양이가 쥐에게 접근한다. |

continue
계속하다
어떤 일을 끊이지 않고 이어지게 함

'continue'는 어떤 일을 멈추지 않고 계속한다는 뜻이에요. 퍼즐을 맞추는 것은 어렵지만 계속 노력해서 완성된 모양을 보면 보람이 느껴져요. 무엇인가를 계속하는 것은 참 어려운 일이에요. 운동을 계속하는 것, 공부를 계속하는 것, 다이어트를 계속하는 것 모두 어려운 일이지요. 그렇지만 무언가를 계속하는 노력이 없다면 우리는 성장할 수도, 성공할 수도 없을 거예요. 여러분도 그 사실을 잘 알고 있지요?

예문	Birds continue singing.
	새들이 계속 노래한다.

나타내다
indicate

현상이나 결과가 보여짐

'나타내다'는 직접 말하지 않고 어떤 신호 등으로 무언가를 알리는 거예요. 엄지 손가락을 드는 것은 '좋다, 괜찮다, 최고다'라는 의미를 나타내요. 하늘의 먹구름은 곧 비가 내릴 것임을 나타내지요. 속도계, 온도계, 습도계, 자동차 계기판 등의 숫자는 속 도와 온도, 습도, 자동차에 대한 정보를 나타내. 이렇게 다양한 신호를 통해 우리는 정보를 알 수 있게 된답니다.

| 예문 | The speedometer indicates the speed.
속도계는 속도를 나타낸다. |

| 추가 단어 | **speedometer** 속도계 |

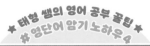

영단어 기억력 열 배로 늘리는 비법!

영단어를 공부하면서 가장 힘든 점은 바로 금방금방 까먹는다는 거야. 참 슬픈 일이지. 해도 해도 끝이 없을 것 같은 그런 느낌은 영단어 공부를 좋아할 수 없게 만들어. 그런데 사실 이건 대부분 계획이 잘못되었기 때문이야. 자, 지금부터 열 배 오래가는 영단어 기억력 높이는 비법을 알려 줄게. 잘 따라 해 봐!

1. 영단어 공부, 절대 많이 하지 말자!

하루에 공부하는 영단어 분량이 많으면 절대로 안 돼. 오래 기억하기 힘들 뿐만 아니라 일단 하기 싫어지거든. 영단어 공부를 시작하는 단계라면 하루에 한두 개도 괜찮아. 대신 더 집중해서 보는 거야. 오랫동안 기억에 남도록 말이야. 차차 적응되고 습관이 들면 조금씩 늘리는 거지. 하루에 많이 하는 것보다는 매일 꾸준히 하는 게 훨씬 더 중요해. 영단어 공부는 마라톤이거든.

2. 최소 세 번 복습은 필수!

한 번 보고 오래 기억할 수 있는 사람은 없어. 사람은 망각(기억을 잊음)의 동물이거든. 그래서 교재를 한 번 다 봤다고 해서 끝내면 절대로 안 돼. 최소한 두 번은 더 봐야 공부한 내용이 진짜 내 것이 될 수 있어. 그래서 이 일력 책도 세 번 보기를 추천해! 두 번째 볼 때는 더 속도를 내 보자. 세 번째는 그것보다 더 빨리! 대신 내가 까먹은 단어는 꼭 정성스럽게 복습하는 거야. 이렇게 세 번 정도 보면 이제 너도 영단어의 고수가 되어 있을 거야!

주장하다
insist

자신의 의견을 굳게 내세움

'주장하다'는 무언가를 강하게 말하는 거예요. 다른 사람이 그 말을 듣고 원하는 대로 행동하기를 바라는 것이지요. 엄마는 잠자리에 들기 전에 꼭 양치질을 하라고 주장하세요. 나는 놀이동산에 가서 혼자 롤러코스터를 탈 수 있을 정도로 키가 컸다고 주장하지요. 주장하는 내용을 말하고 싶을 때는 아래 예문처럼 'I insist that + (주장하는 내용)'라고 쓰면 된답니다.

| 예문 | **I insist that it is true.**
나는 그것이 사실이라고 주장한다. |

Day 151 ~ Day 182

Today a reader,
tomorrow a leader.

오늘 책을 읽은 사람이 내일의 리더가 된다.

Day 213 ~ Day 242

Life has no limitations.

인생에 한계는 없다.

refuse

거절하다

남이 해 달라는 일을 받아들이지 않고 물리침

'refuse'는 남들이 요구하는 것에 '아니오'라고 말하는 거예요. 엄마가 밥을 더 먹으라고 하시지만 배가 부르면 거절하겠지요? 빗속에서 친구들과 뛰어놀고 싶지만 감기에 걸릴 수 있으니 부모님은 거절하실(허락하지 않으실) 거예요. 살다 보면 미안해서 남의 부탁을 거절하지 못하는 경우가 있어요. 그런데 정말 하기 싫거나 어려운 일이라면 거절할 줄도 알아야 해요. 그런데 사실 거절하는 데는 큰 용기가 필요하답니다. 우리 조금만 용기를 내 봐요!

| 예문 | **I refuse to eat carrots.**
나는 당근 먹는 것을 거절한다. |

영어 읽기(Reading)의 고수가 되는 비법 세 가지

1. 관심 있는 내용의 책이나 글을 고른다

한글로 된 책도 관심 없는 내용이라면 술술 읽히지 않아. 그런데 영어로 쓰인 글은 어떨까? 당연히 안 읽히지. 그래서 영어 책을 고를 때는 무조건 조금이라도 관심 있는 주제를 골라야 해. 꼭 기억하자!

2. 80%의 법칙

다 이해하지 못해도 상관없어. 처음부터 모두 다 잘할 수는 없으니까 말이야. 100% 다 이해 하고 넘어가려고 하면, 앞으로 나아갈 수 없어. 결국 제자리를 맴돌다가 재미를 느끼지 못하 고 지쳐서 포기하게 되지. 어느 정도(대략 80%) 이해됐다면 그냥 넘어가도 돼. 대강 뜻만 와닿 으면 OK!

3. 단어만 따로 챙겨서 보기

읽고는 싶은데 어려워서 진도가 안 나간다고? 그렇다면 오늘 읽을 내용에서 모르는 단어만 미리 살펴보자. 그 뜻을 사전에서 찾아보는 거지. 대신 단어를 외우려고 하지는 마. 시작부터 너무 힘을 빼면 지루해지기 쉽거든. 사전에서 찾은 뜻을 참고해서 영어 문장을 하나씩 읽어 나가는 것으로 충분해. 훨씬 쉬워질 거야. 결국 문장은 단어를 모아 놓은 것이니까 말이야.

recommend
추천하다

어떤 일에 알맞은 사람이나 물건을 책임지고 소개함

'recommend'는 자신의 지식이나 경험에 비춰 어떤 것이 좋다고 말해 주는 거예요. 재미있는 책을 읽거나 감명 깊은 영화를 보면 누군가에게 추천해 주고 싶어요. 내가 해 봐서 좋은 건 다른 사람에게도 좋을 가능성이 높거든요. 이때 쓰는 표현이 바로 'I recommend A'예요. A를 추천한다는 뜻이지요. 혹시 맛있는 떡볶이집을 알고 있으면, 영어로 친구에게 추천해 보는 건 어때요?

예문

I recommend this book.
나는 이 책을 추천한다.

검사하다, 조사하다
examine

정해진 기준에 따라 살펴서 옳고 그름을 판단함

'검사하다, 조사하다'는 어떤 것을 자세히 알아보거나 문제가 있는지 확인하는 거예요. 블록을 정확하게 조립하려면 설명서와 모든 조각을 조사해야 돼요. 어른이 되었을 때 중고차를 살 수도 있겠지요? 이때는 그 차가 고장은 없는지 꼼꼼히 검사해야 돼요. 아래 예문은 이런 상황을 표현한 거예요. 'examine'의 명사형 'examination'은 '검사' 외에 '시험'이라는 뜻도 있어요. 시험은 배운 것을 잘 기억하고 있는지 검사하는 거예요!

| 예문 | **They examine the car.**
그들은 차를 검사한다. |

liberty

자유

누군가에게 간섭받지 않고 마음 내키는 대로 행동하는 것

'liberty'는 누구에게든 무엇에든 얽매이지 않고 자기가 하고 싶은 대로 행동하는 것을 의미해요. 새장 속의 새를 생각해 보세요. 자유를 빼앗긴 채 새장 속에 갇혀 있던 새는 새장 문이 열리는 순간, 어디든 자유롭게 날아갈 수 있어요. 새에게 자유를 주는 것이지요. 미국 뉴욕의 상징은 자유의 여신상이에요. 자유의 여신상은 영어로 'Statue of Liberty'라고 해요.

예문	**Liberty is a precious right.** 자유는 소중한 권리다.
추가 단어	**precious** 소중한 / **right** 권리 / **statue** 조각상

Day 210

깨닫다
realize

모르고 있던 것을 깨우쳐서 똑바로 알게 됨

'깨닫다'는 전에는 알지 못했거나 이해하지 못했던 것을 알게 되거나 이해하게 된다는 뜻이에요. 선생님의 설명을 듣고 수학 문제 푸는 방법을 깨달았던 경험이 있나요? 주위 사정을 모두 알게 된 후 자신의 잘못을 깨달았던 경험은요? 'realize'는 단어 철자 중 'z'를 's'로 바꿔도 돼요. 신기하죠? 'realise'는 영국에서 많이 쓰인답니다. 혹시 글을 읽다가 'realize'가 아니라 'realise'가 나와도 당황하지 마세요. 두 단어는 같은 뜻이거든요. 잘 기억해 두세요.

예문
I realize my weakness every day.
나는 내 약점을 매일 깨닫는다.

추가 단어 **weakness** 약점

generation

세대

한 시대를 살아가는 사람들을 비슷한 나이와 생각에 따라 나눈 것

'generation'은 거의 같은 시기에 태어난 사람들을 말해요. 할머니와 할아버지는 같은 세대이지요. 엄마와 아빠도 같은 세대예요. 나와 형제들, 사촌들, 그리고 친구들 역시 같은 세대로 묶을 수 있어요. 젊은 세대는 나이 든 세대보다 컴퓨터, 휴대폰 등을 더 잘 다뤄요. 세대마다 각각 유행하는 음악과 패션 스타일이 있어요. 'MZ 세대'라는 말을 들어 본 적 있나요? 영어로 말하면 'MZ Generation'이에요. MZ가 무슨 뜻인지 한번 찾아볼까요?

예문

This is the music of our generation.
이것은 우리 세대의 음악이다.

Day 209

동의하다
agree

남과 의견을 같이함

'동의하다'는 다른 사람과 같은 생각을 하거나 어떤 결정이나 행동이 옳다고 생각하는 거예요. 친구가 축구하자고 했을 때 나도 축구가 하고 싶다면 친구의 의견에 동의하는 것이지요. 할머니의 김치찌개 맛이 최고라는 데 우리 가족 모두가 동의할 거예요. 'agree'는 'with'와 단짝처럼 붙어 다녀요. 동의하는 내용을 'with' 다음에 쓰면 된답니다. 아래 예문에는 'you'만 쓰여 있죠? 이것은 '당신의 생각'을 짧게 표현한 거예요.

예문	**I agree with you.** **당신의 생각에 동의합니다.**
추가 단어	**agree with~** ~에 동의하다

despair
절망

희망을 잃어버린 것

'despair'는 상황이 너무 나빠서 좋아질 방법이 없어 보인다는 의미예요. 이런 상황에 처하면 너무 슬퍼서 다시는 좋은 일이 일어나지 않을 거라는 생각이 들어요. 열심히 노력해도 계속 실패할 때, 가까운 사람이나 아끼는 동물이 크게 다치거나 죽었을 때 우리는 절망하게 돼요. '절망'은 이처럼 큰 어려움을 겪을 때 느끼는 감정이에요. 절망의 반대말은 뭘까요? 바로 '희망(hope)'이랍니다. 희망은 절망을 이겨 낼 수 있는 유일한 방법이에요.

예문	**She felt despair.** 그녀는 절망을 느꼈다.
추가 단어	**felt** '느끼다(feel)'의 과거형

해결하다
solve
어려운 일이나 문제를 잘 처리함

'해결하다'는 어려운 일, 문제를 처리하거나 질문에 답한다는 의미예요. 수수께끼의 답을 찾거나 직소 퍼즐을 맞추는 것, 보물찾기 하는 것도 문제를 해결하는 것이랍니다. 어려운 문제를 잘 해결하는 능력을 '문제 해결력'이라고 해요. 이건 정말 대단한 능력이지요! 우리 친구들은 수학 문제든, 영어 문제든, 친구 사이의 문제든 문제가 발생했을 때 잘 해결하는 멋진 사람이 되면 좋겠어요!

예문

Can you solve the problem?
그 문제를 해결할 수 있나요?

compare
비교하다

둘 이상의 사물을 서로 견주어 봄

'compare'는 2개 이상의 사물을 자세히 보며 서로 비슷한 점이 있는지 확인한다는 뜻이에요. '비교하다'와 비슷한 말 중에 '대조하다'가 있어요. 비교는 공통점을, 대조는 차이점을 찾는다는 것이 다르지요. 개와 고양이를 비교하면 둘 다 반려동물이라는 공통점이 있어요. 또한 고양이는 독립적이지만 개는 더 많은 관심과 운동을 필요로 한다는 차이점이 있지요. 두 단어의 차이를 이해했나요? 그럼, 우리 가족들의 생김새를 비교, 대조해 볼까요?

| 예문 | **Let us compare the two cats.**
고양이 두 마리를 비교해 보자. |

출판하다
publish

글, 그림, 사진 등을 책으로 만들어 세상에 내놓음

'출판하다'는 글, 그림, 사진 등을 종이책, 전자책 등으로 만드는 거예요. 우리 반 친구들이 쓴 글을 모아 학급 문집을 출판할 수 있지요. 가족 신문을 출판할 수도 있어요. 책을 쓰는 사람을 작가 또는 저자라고 하고, 책을 출판하는 회사를 출판사라고 해요. 지금 여러분이 공부하고 있는 이 책도 출판사에서 출판한 결과물이랍니다.

예문	**We publish a magazine.** **우리는 잡지를 출판한다.**
추가 단어	**magazine** 잡지

domestic

국내의

나라 안의

'domestic'은 집, 가정 또는 한 국가의 국경 안과 관련된 것들을 의미해요. 온 가족이 도와야 하는 '집안일'이나 식당에 가면 볼 수 있는 '국내산'이라는 의미도 있어요. 아래 예문의 '국내선 항공'은 한 나라 안의 도시들만 오가는 비행기를 가리켜요. 반대로 '국제선 항공'은 나라와 나라를 연결하는 비행기예요. '국제선 항공사'는 'International airlines'이라고 표현해요.

예문	**Domestic airlines.** 국내선 항공사.
추가 단어	**airline** 항공사

인정하다
admit

어떤 점을 확실히 그렇다고 여김

'인정하다'는 어떤 것을 사실이라고 말하는 거예요. 시험에서 틀린 문제를 실수 했다고 얼버무리지 않고 솔직하게 몰라서 틀렸다고 인정하는 것처럼요. 자신의 부족 함을 인정해야 그 부분을 보충해서 다음 시험에서는 좋은 결과를 얻을 수 있어요. 그 런데 자신의 실수를 인정하는 것은 정말 어려운 일이에요. 혹시 친구와 다퉜다면, 먼저 자신의 잘못을 인정해 보는 건 어떨까요? 자신의 실수를 인정하는 사람이 진정한 승 자랍니다.

예문

I admit my mistake.
나는 내 실수를 인정한다.

identical
동일한
어떤 것과 비교할 때 모두 같은

'identical'은 모든 세부 사항들이 똑같은 상태를 뜻해요. 모양도 똑같고 길이도 똑같고 색깔도 똑같은 연필 두 자루가 있어요. 너무 똑같아서 구분할 수 없다면 이두 연필은 '동일한' 연필이라고 할 수 있지요. 쌍둥이 중 생김새가 완전히 똑같은 쌍둥이가 있지요? 이런 경우 '일란성 쌍둥이'라고 말해요. 영어로는 'identical twins'이라고 쓴답니다.

| 예문 | **The two books are identical.**
그 두 책은 **동일하다.** |

방어하다, 수비하다
defend

적이 쳐들어오는 것을 막음

'방어하다, 수비하다'는 누군가 또는 무언가의 공격으로부터 안전하게 지킨다는 뜻이에요. 마당에서 키우는 개는 우리 집을 방어하기 위해 짖어요. 축구 경기의 골키퍼는 골대를 방어해서 상대편에게 점수를 주지 않지요. 조선 시대의 성곽은 적의 침입을 방어하기 위해 지어졌답니다. 그럼 'defend'의 반대말은 무엇일까요? 네, 바로 'attack'이에요! '공격하다'라는 뜻이지요. 이렇게 반대되는 의미를 가진 두 단어를 함께 공부하면 기억하기에 훨씬 편할 거예요.

예문	**Soldiers defend their country.**
	군인들은 자신들의 나라를 방어한다.
추가 단어	**soldier** 군인

international
국제적인

여러 나라 사이에 관계가 있는

'international'은 2개 이상의 국가가 관련된 상태를 가리켜요. 올림픽은 전 세계 선수들이 경쟁하는 국제적인 행사예요. 앞에서 '국제선 항공'이라는 말을 공부했지요? 나라와 나라를 연결하는 비행기를 뜻해요. 'celebrity'도 배웠죠? 국내뿐만 아니라 해외에도 팬이 많은 유명인을 국제적인 스타라고 불러요. 우리나라의 국제적인 가수나 배우는 누가 있을까요?

예문
I took an international flight.
나는 국제선 비행기를 탔다.

추가 단어 **flight** 비행

발생하다

happen

일이나 사물이 나타나거나 생김

'발생하다'는 어떤 상황, 사건 등이 일어나는 것을 뜻해요. 조심하지 않으면 사고가 발생할 수 있지요. 친절한 행동을 하면 칭찬을 받거나 고마움의 표시로 작은 선물을 받는 등 좋은 일이 발생해요. "웃지 못할 해프닝"이란 표현을 들어봤나요? 예를 들어 누군가 내 이름을 착각해서 작은 소란이 일어나는 것 같은 경우에 이렇게 표현하지요. 여기서 '해프닝'은 'happen + ing = happening'으로, '발생한 일'이라는 뜻이에요. 오늘 혹시 재미있는 해프닝은 없었나요?

| 예문 | **What will happen next?**
다음에 무슨 일이 발생할까? |

necessary

필요한

반드시 있어야 하는

'necessary'는 어떤 것을 하기 위해 반드시 있어야 하는 것을 뜻해요. 김밥을 만들려면 김과 밥이 빠져서는 안 되지요. 이것들은 김밥에 꼭 필요한 식재료예요. 자전거를 안전하게 타려면 헬멧과 무릎 보호대가 필요해요. 기차나 비행기를 타려면 표가 필요하지요. 이처럼 무언가를 하기 위해서는 준비물이 필요하답니다. 공부를 잘하려면 무엇이 필요할까요?

예문

Sleep is necessary for energy.
잠은 에너지를 위해 필요하다.

보호하다
protect

위험이나 어려움으로부터 보살피고 돌봄

'보호하다'는 사람이나 사물을 어떤 위험이나 어려움으로부터 안전하게 지킨다는 의미예요. 자전거를 탈 때 헬멧은 우리의 머리를 보호해 줘요. 경찰은 범죄의 위험으로부터 시민들을 보호해 주지요. 백신은 다양한 질병으로부터 우리를 보호해 줘요. 해변에서 쓰레기를 줍거나 음식을 남기지 않고 먹으면 환경보호에 도움이 된답니다. 우리가 보호해야 할 것에는 또 어떤 것이 있을까요?

예문

We must protect the environment.
우리는 환경을 보호해야 한다.

population
인구

어떤 지역에 사는 사람의 수

'population'은 도시, 국가 같은 특정 지역에 사는 모든 사람의 수를 뜻해요. 우리나라의 총인구 수는 5,000만 명 정도예요. 서울과 인천, 경기도, 즉 수도권에 거의 절반 정도의 인구가 모여 살고 있지요. 우리 동네에는 얼마나 많은 사람들이 살고 있을까요? 전 세계로 시각을 넓혀 볼까요? 세계에서 인구가 가장 많은 나라는 중국과 인도예요. 우리나라와 비교하면 인구가 얼마나 많을지 궁금하지 않나요? 지금 한번 찾아보세요.

예문	**What is the population of Korea?**
	한국의 인구는 얼마나 되나요?

표현하다
express

생각이나 느낌을 겉으로 드러냄

'표현하다'는 생각이나 느낌을 말, 행동으로 보여 주는 거예요. 사람들은 행복하면 크게 웃고 누군가를 껴안는 등 자신의 감정을 표현하지요. 자신의 생각과 감정을 잘 표현하는 일은 정말 중요해요. 표현하지 않으면 그 누구도 속마음을 알 수 없기 때문이에요. 부끄러울 수도 있지만 감사한 마음, 미안한 마음은 반드시 상대방에게 전달해야 해요. 이번 기회에 소중한 사람에게 자신의 마음을 표현해 보는 건 어떨까요? 우리 모두 용기를 내 봐요!

예문	**Let us express our thanks.**
	우리 감사의 마음을 표현해 봐요.
추가 단어	**thanks** 감사

require
필요하다
어떤 것이 꼭 있어야 함

'require'는 무언가를 끝마치기 위해 어떤 것이 꼭 있어야 한다는 의미예요. 비슷한 단어로 'need'가 있어요. 앞에서 'necessary'를 공부했지요? 'require'는 무언가 필요해서 적극적으로 요청한다는 의미이고, 'necessary'는 무언가 없어서는 안 되는 상태를 뜻해요. 둘 다 중요하거나 반드시 해야 한다는 뜻을 가진 단어이니, 잘 알아 두세요. 그래야 누군가에게 필요한 것을 부탁할 수 있겠지요?

| 예문 | **I require some help.**
나는 도움이 필요해요. |

체포하다
arrest

법에 따라 죄가 있거나 있다고 의심되는 사람을 붙잡음

'체포하다'는 범죄를 저지른 것으로 의심되는 사람을 붙잡는다는 뜻이에요. 경찰이 범인을 잡을 때, 영화 속 슈퍼히어로가 악당을 잡을 때 체포한다고 하지요. 나쁜 일을 저질러서 법을 어기면 누구든 체포될 수 있어요. 반대로 멋진 경찰이 되면 나쁜 범인들을 체포할 수 있지요. 여러분은 경찰이 된다면 어떤 악당을 체포하고 싶나요?

예문

The police will arrest the thief.
경찰은 도둑을 체포할 것이다.

proper
적절한

딱 알맞은

'proper'는 어떤 일을 하는 올바른 방법이나 상황에 맞는 올바른 일을 뜻해요. 치아를 건강하게 유지하기 위해 매일 적절한 방법으로 이를 닦는 것처럼요. 밥을 먹을 때 소리 내지 않고 깨끗이 먹는 것은 적절한 식사 예절이지요. 누군가에게 부탁한 뒤에는 "감사합니다"라고 적절하게 말해야 해요. 무슨 일이든 항상 적절한 방법과 적절한 시기가 있어요. 적절하지 않으면 일이 잘못되거나 힘들어질 수 있어요.

예문 **That is not the proper way.**
그건 적절한 방법이 아니야.

의심하다
doubt

확실하지 않거나 이상해서 믿지 못함

'의심하다'는 어떤 일이 사실인지, 정말 일어날 것인지 믿지 못한다는 뜻이에요. 나와 키가 비슷한 친구가 계속 자신의 키가 더 크다고 우기면 우리는 그 친구를 의심하게 돼요. 실제로 누가 큰지는 재 봐야만 알 수 있지요. 어려운 문제와 마주쳤을 때 우리는 과연 해낼 수 있을지 스스로를 의심하게 돼요. 하지만 적절한 방법을 찾아내고 노력을 기울인다면 못 해낼 일은 절대 없어요. 그러니 "Don't doubt yourself!" 스스로를 의심하지 마세요!

예문 ## Do not doubt yourself.
당신 스스로를 의심하지 마세요.

recognize
알아보다

다시 봤을 때 잊지 않고 기억함

'recognize'는 이전에 봤거나 경험한 적 있는 것을 다시 기억해 낸다는 뜻이에요. 예전에 즐겨 듣던 노래를 한참 시간이 흐른 뒤 다시 들었을 때 곡 제목을 기억해 낸다거나, 유치원 담임 선생님을 길에서 우연히 만났는데 알아보는 상황 같은 것이지요. 여러분은 어렸을 때 같이 놀았던 친구를 오랜만에 만나면 알아볼 수 있나요?

| 예문 | **She did not recognize me.**
그녀는 나를 알아보지 못했다. |

처리하다
deal

일이나 사건을 정리하고 마무리함

 '처리하다'는 어떤 상황이나 문제를 알맞은 방법으로 정리하고 마무리한다는 뜻이에요. 우리가 숙제하는 것은 '숙제를 처리한다'라고 표현할 수 있어요. 방 청소하는 것도 '처리한다'라고 할 수 있지요. 문제가 생기면 미루지 말고 그때그때 잘 처리해야 뒤탈이 없어요. 미뤄 두었다가 나중에 곤란한 상황이 될 수도 있거든요. 'deal'은 보통 'with'와 함께 쓰인다는 것도 기억해 두세요. 오늘 깜빡 잊어버린 여러분이 처리했어야 할 일에는 뭐가 있나요?

예문	**How to deal with problems.** **문제를 처리하는 방법.**
추가 단어	**how to~** ~하는 법 / **deal with~** ~를 처리하다

quantity

양

세거나 잴 수 있는 정도

'quantity'는 측정할 수 있는 어떤 것의 분량을 의미해요. 내가 가지고 있는 장난감의 개수, 우리 학교 도서관에 있는 책의 권수, 매일 아침 마시는 우유의 양 등을 표현할 수 있지요. 앞에서 '질(quality)'에 대해 배웠지요? 이제 두 단어를 모두 배웠으니 다시 물어볼게요. 여러분은 음식을 선택할 때 양보다는 질인가요 아니면 질보다는 양인가요?

예문 I prefer quantity over quality.
나는 질보다 양을 선호합니다.

추가 단어 prefer A over B B보다 A를 선호하다(더 좋아하다)

낭비하다
waste

시간, 노력, 돈 등을 헛되이 씀

'낭비하다'는 무언가를 쓸데없이 사용하는 것을 뜻해요. 이를 닦을 때 물을 계속 틀어 놓는다거나 코를 풀 때 두루마리 휴지를 열 칸씩 뜯어서 사용하는 것은 모두 낭비하는 행동이에요. 낭비하는 건 참 아까워요! 그런데 우리는 시간도 돈도 음식도 참 많이 낭비하며 살아가고 있어요. 지금부터라도 'Do not waste your money', 'Don't waste your food' 하자고요!

예문

Do not waste your time.
당신의 시간을 낭비하지 마세요

opportunity
기회

어떤 일을 하기에 적절한 경우

'opportunity'는 새로운 일을 하거나 무언가 시도할 수 있는 특별한 경우를 말해요. 겨울 스키 캠프는 우리 동네 이외의 지역에 사는 새로운 친구들을 사귈 기회죠. 역사 박물관 탐방은 역사에 대해 깊이 있게 배울 기회이고요. '절호의 기회'라는 표현을 들어 봤나요? 정말로 원하던 것을 얻을 소중한 기회라는 뜻이에요. 이럴 때 딱 필요한 영단어가 바로 'opportunity'랍니다.

| 예문 | **This is a good opportunity.**
이것은 좋은 기회다. |

모욕하다
insult

남을 업신여기고 욕함

'모욕하다'는 누군가에게 예의 없이 굴거나 기분 나쁘게 만드는 말이나 행동을 한다는 의미예요. 일부러 다른 사람의 마음을 다치게 하는 행동이지요. 그렇다면 어떤 행동을 모욕이라고 할까요? 욕하는 것, 그리고 외모나 별명 같은 것으로 놀리는 것, 가족에 대해 나쁜 말을 하는 것 등이 있어요. 아무리 화가 나도 남을 모욕하는 것은 옳지 않은 행동이에요. 여러분은 남을 모욕하지 않는 착한 학생이지요? 쌤은 믿어요!

예문

Do not insult him.
그를 모욕하지 마세요.

influence

영향을 주다

어떤 사람이나 사물의 힘이 다른 사람이나 사물에 미침

'influence'는 누군가 또는 무언가를 변화시킨다는 의미예요. 좋은 책을 읽으면 지식이 쌓이고 깊이 있는 생각, 깨달음 같은 긍정적인 영향을 받아요. 음악은 우리의 기분과 감정에 큰 영향을 미쳐요. 혹시 '인플루언서'라는 말, 들어 봤나요? 유명해서 영향력을 갖게 된 사람을 일컫는 말이에요. 이 말은 영어 'influence + er'에서 비롯됐답니다.

예문	**Music can influence mood.** 음악은 기분에 영향을 줄 수 있다.
추가 단어	**mood** 기분

경고하다
warn

어떤 일을 조심하거나 하지 말라고 미리 알려 줌

'경고하다'는 앞으로 일어날 위험이나 문제를 미리 알려 준다는 의미예요. 횡단보도의 신호등은 빨간불로 건너면 위험하니 '조심해!'라고 경고해요. 수영장에서도 깊은 곳에는 들어가지 말라고, 다이빙하면 위험하다고 경고하는 표시가 있어요. 안전하려면 'warning sign', 즉 '경고 신호'를 잘 파악해야 해요. 'warning sign'은 표지판이 될 수도 있고 소리가 될 수도 있어요. 여러분 주변에 어떤 'warning sign'이 있는지 찾아보세요.

예문	**The alarms warn about fire.**
	알람은 화재에 대해 경고한다.

independent
독립적인

남의 도움을 받지 않고 자기 힘으로 어떤 일을 해내는

'independent'는 다른 사람의 통제나 영향을 받지 않고 스스로 결정 내리거나 행동한다는 뜻이에요. 새는 스스로 먹이를 찾을 수 있을 만큼 독립적인 상태가 되면 둥지를 떠나요. 고등학교를 졸업하고 집에서 멀리 있는 대학교에 진학하면 집에서 독립하는 것처럼요. '독립적인'의 반대말은 무엇일까요? 바로 '의존적인'이에요. 영어로는 'independent'에서 맨 앞의 'in-'을 뺀 'dependent'라고 쓰지요.

예문

I am an independent person.
나는 **독립적인** 사람이다.

선호하다
prefer
어떤 것을 특별히 가려서 좋아함

'선호하다'는 어느 한 가지를 다른 것보다 더 좋아하거나 원한다는 의미예요. 여러분 앞에 바닐라 아이스크림, 초코 아이스크림이 하나씩 있어요. 그중 하나만 골라야 해요. 이때 여러분이 선택한 그 맛이 바로 여러분이 선호하는 맛이에요. 'prefer 햄버거 to(또는 over) 피자'라고 쓰면 '피자보다 햄버거를 더 좋아한다'는 의미가 된답니다.

예문	**Which do you prefer tea or coffee?**
	차와 커피 중 어느 것을 더 선호하세요?

complain
불평하다

못마땅하게 여겨 그 마음을 말로 표현함

'complain'은 어떤 것에 대한 불만이나 짜증을 표현하는 단어예요. 더운 여름에 아이스크림이 너무 빨리 녹는 것에 화가 나 다른 사람에게 그 이야기를 하는 것을 '불평하다'라고 하지요. 평소에 사소한 것에도 불평이 많은 사람들은 기분이 나빠지고 우울해지기 쉬워요. 주변 사람들에게도 나쁜 에너지를 퍼뜨리고 다닌답니다. 혹시 여러분은 습관적으로 불평하고 있지는 않나요? 그렇다면 자신의 행복을 위해서라도 그런 습관은 꼭 고쳐야 해요.

| 예문 | **Why do you complain so much?**
당신은 왜 그렇게 불평이 많으세요? |

창조하다
create
없던 것을 처음으로 만들어 냄

'창조하다'는 상상력 같은 생각, 노력 등으로 무언가 새롭게 만들어 내는 것을 뜻해요. 미술가들은 그림, 조각, 공예품 등을 창조해 내요. 작가들은 소설, 에세이 등의 작품을 창조해 내지요. 'create'에 '-or'을 붙이면 '창조하는 사람'이라는 명사가 돼요. '-or'은 '~하는 사람'이라는 의미를 가지고 있거든요. 'Youtube creator'는 유튜브 콘텐츠를 창조해 내는 사람이라는 뜻이지요.

예문

The hero will create a new history.
영웅은 새로운 역사를 창조할 것이다.

추가 단어 **hero** 영웅

convenient
편리한

어떤 일이 하기 쉽고 편함

'convenient'는 어떤 일을 더 쉽고 더 편하게 하는 상태를 뜻해요. 학교가 집에서 바로 5분 거리에 있다면 걸어서 등교할 수 있어서 편리하겠죠? 같은 반 친구가 옆집에 산다면 같이 등교하고 숙제도 같이할 수 있어서 편리할 거예요. 'convenient'는 형용사 '편리한'이라는 뜻이에요. 명사 '편리'는 'convenience'라고 쓰지요. 우리가 자주 가는 편의점은 영어로 'convenience store(편리 가게)'라고 한답니다.

| 예문 | **This tool is very convenient.**
이 도구는 매우 편리하다. |

| 추가 단어 | **tool** 도구 |

Day
193

선언하다
declare

여러 사람들에게 자신의 주장이나 생각 등을 널리 알림

'선언하다'는 많은 사람들이 알 수 있도록 널리 말하는 거예요. 단원 평가 시험을 보겠다거나 체육 대회를 시작하겠다고 선생님들이 선언하시는 것처럼요. 어려운 결심을 하고 잘 지키기 위해 주위에 선언할 수도 있어요. "방학 동안 책을 열 권 읽겠다!" 또는 "다이어트를 하겠다!"같이요. 선언한 이상, 여러분은 이를 반드시 지켜야 해요.

예문
The country declared independence.
그 나라는 **독립을 선언했다.**

추가 단어 independence 독립

emergency
비상사태

재난 같은 큰일이 벌어진 아주 위험하고 위급한 상황

'emergency'는 갑자기 발생한 어떤 일 때문에 안전을 유지하거나 누군가를 돕기 위해 신속하게 행동해야 하는 상황을 가리켜요. 휴대폰에 안전 안내 문자가 오거나, 화재 경보가 울리거나, 누군가 물에 빠지거나, 큰 교통사고가 나서 자동차가 크게 부서진 것 같은 상황 말이에요. 안전한 생활을 위해 'emergency'라는 단어를 꼭 알고 있어야 해요. 비상구는 'emrgency exit', 비상문은 'emergency door', 응급 키트는 'emergency kit'라고 한답니다.

| 예문 | **Do not panic in an emergency.**
비상사태에는 당황하지 마세요. |

| 추가 단어 | **panic** 당황하다 |

금지하다
ban

어떤 일을 하지 못하게 막음

'금지하다'는 누군가에게 해를 입히거나 바람직하지 않다는 이유로 어떤 행동을 못 하게 하는 거예요. 학교에서는 수업 시간 동안 휴대폰을 사용하지 못하게 금지해요. 도서관에서는 조용한 환경을 유지하기 위해 큰 소리로 말하는 것을 금지하지요. 공공장소에서는 대부분 담배 피우는 것을 법으로 금지하고 있답니다. 각 가정에서도 가족끼리 금지하기로 약속한 것들이 있을 거예요. 우리 집은 무엇을 금지하고 있나요?

| 예문 | **Schools ban smoking.**
학교에서는 흡연을 금지한다. |
| 추가 단어 | **smoking** 흡연 |

literature

문학

생각이나 느낌을 글로 나타내는 예술

'literature'는 글로 된 작품, 특히 예술적 또는 지적 가치가 있는 것을 의미해요. 삶, 꿈, 모험, 감정 등을 주제로 쓰이는 문학은 단순한 글자의 나열이 아니라 읽는 사람이 생각하고 느끼게 하는 힘이 있지요. 문학에는 어떤 것들이 포함될까요? 소설도 있고, 시도 있고, 수필도 있어요. 우리가 쓰는 일기는 일종의 수필로, 문학의 한 종류라고 할 수 있어요. 여러분은 어떤 문학 작품을 좋아하나요?

예문

We study Korean literature.
우리는 한국 문학을 공부한다.

흡수하다
absorb
물기 같은 것을 빨아들임

'흡수하다'는 어떤 물질(주로 액체)을 빨아들인다는 의미예요. 'absorb'는 또 완전히 몰입하거나 주의를 기울여서 정보를 빨아들인다는 뜻으로도 쓰여요. 식물은 광합성 작용을 통해 햇빛과 물을 흡수해서 성장하지요. 스펀지는 물을 잘 흡수해요. 우리 몸은 음식을 흡수하고요. 여러 가지 활동을 통해 지식과 정보를 빨아들인다는 측면에서 우리 뇌는 지식을 흡수한다고 할 수 있어요.

예문
Sponges absorb water.
스펀지는 물을 흡수한다.

추가 단어　**sponge** 스펀지

negative
부정적인
어떤 것을 인정하지 않는

'negative'는 동의하지 않거나 좋지 않다고 생각하는 상태예요. '부정적인'의 반대말은 '긍정적인'이에요. 앞에서 배웠는데, 혹시 기억하나요? 그렇죠! 바로 'positive'예요. 어떤 일이나 사람을 대할 때는 부정적인 태도보다 긍정적인 태도를 갖는 게 필요해요. 좋은 생각이 좋은 결과를 만들어 내거든요. 오늘부터 조금 더 긍정적인 사람이 되려고 노력해 보자고요!

예문

Her answer was negative.
그녀의 대답은 부정적이었다.

혼합하다
blend

여러 가지를 뒤섞어 한데 합함

'혼합하다'는 서로 다른 것을 섞어서 합치거나 조화를 이루게 한다는 뜻이에요. 파란색 물감과 노란색 물감을 섞으면 초록색 물감이 만들어지는 것처럼요. 우리가 자주 쓰는 잘못된 한국식 영어, 즉 콩글리시 중에 '믹서기'라는 말이 있어요. 과일을 넣고 갈아서 주스를 만드는 기계인데, 사실 이 말은 틀린 말이랍니다. '믹서기'가 아니라 'blend + er(혼합하는 것)'가 맞는 표현이에요.

예문

Blend together the eggs, sugar and salt.
달걀, 설탕, 소금을 함께 혼합해 주세요.

추가 단어   **sugar** 설탕 / **salt** 소금

regret
후회하다

자신이 한 말이나 행동이 잘못되었음을 깨닫고 뉘우침

'regret'은 무언가를 '하지 않았으면 좋았을걸' 하고 생각하거나 미안해하는 거예요. 시험 전에 열심히 공부하지 않아서 예상보다 낮은 점수를 받으면 공부하지 않은 것을 후회하겠지요? 누구나 살면서 후회해 본 적이 있을 거예요. 만약 오늘 후회한 일이 있다면 "I regret~"라는 표현을 써서 문장으로 만들어 보세요.

예문

I regret eating too much.
너무 많이 먹어서 후회한다.

삭제하다
delete

지워서 없애 버림

'삭제하다'는 무언가를 지워서 없애 버린다는 의미예요. 특히 디지털상에서 무언가를 제거하거나 지울 때 주로 사용해요. 컴퓨터 파일, 텍스트, 데이터, 휴대폰 메시지나 사진 같은 것들 말이지요. 컴퓨터 키보드의 'Del' 키는 바로 'delete'의 줄임말이에요. 여러분은 휴대폰이나 컴퓨터에서 삭제하고 싶은 것이 있나요?

예문 **Did you delete the photo?**
당신은 사진을 삭제했습니까?

추가 단어 **photo** 사진

ashamed

부끄러운

잘못이나 실수를 해서 창피한

'ashamed'는 잘못했거나 창피한 일을 했을 때의 감정을 말해요. 반 친구들 앞에서 수학 문제를 풀지 못했다면 부끄러울 거예요. 친구가 복도에서 넘어졌는데 재빨리 일으켜 세워 주지 않고 웃었던 사실이 부끄러울 수도 있어요. 문장 속에 부끄러운 이유를 쓰고 싶다면 'ashamed of + 이유'를 붙이면 된답니다. 아래 예문에서 확인해 보세요!

| 예문 | **I was ashamed of my mistake.**
내 실수 때문에 부끄러웠다. |

상담하다
consult

걱정거리를 남과 서로 얘기함

'상담하다'는 전문가에게 조언이나 정보를 구한다는 뜻이에요. 몸이 좋지 않으면 의사와 상담하고, 약을 먹는 방법은 약사와 상담하지요. 수학 공부가 어려우면 수학 선생님과 상담하고, 진로 때문에 고민이라면 진로 담당 선생님과 상담하면 돼요. 이처럼 큰 고민이나 문제가 있을 때는 전문가와 상담하세요. 혼자 끙끙거리다가 상황이 더 나빠질 수도 있거든요. 이때 상담해 주는 사람을 'consult + ant(컨설턴트)'라고 한답니다.

예문	**If you are sick, consult a doctor.**
	만약 당신이 아프면, 의사와 상담하세요.
추가 단어	**If~** 만약 ~하면

responsible
책임 있는

맡아서 해야 할 일이 있는

'responsible'은 어떤 일을 해야 하는 상태를 뜻해요. 집에서 물고기를 키우는데 매일 먹이를 주면서 돌보겠다고 약속하는 것처럼요. 그 사실을 잊어버려서 물고기가 죽기라도 한다면 책임감이 없는 것이지요. 세상에서 가장 멋진 사람은 바로 책임감 있는 사람이에요. 학생으로서의 책임, 강아지나 고양이 주인으로서의 책임 등 무슨 일이든 자신의 책임을 다하는 사람이 되어야겠지요?

예문

I am responsible for my dog.
나는 내 개에 대한 책임이 있다.

감소하다
decline, decrease

수나 양이 줄어서 적어짐

'감소하다'는 수량, 품질, 가치 등이 줄어드는 것을 의미해요. 약을 먹으면 통증이 감소해요. 주말이 지난 뒤 평일에는 백화점이나 마트에 오가는 사람의 숫자가 감소하지요. 사막은 밤이 되면 낮에 비해 온도가 크게 감소한답니다. 아래 예문처럼 겨울에는 아이스크림 판매량이 감소하지요. 계절에 따라 판매가 줄어드는(decline/decrease) 제품에는 또 무엇이 있을까요? 아마 선풍기가 잘 팔리지 않겠지요? 여러분도 한번 생각해 보세요.

예문 **Ice cream sales decline in the winter.**
아이스크림 판매는 겨울에 감소한다.

추가 단어 **sales** 판매

property
재산

돈, 땅, 건물 등과 같이 값진 것

'property'는 누군가 가지고 있는 땅이나 건물 등 값진 것들을 의미해요. 집에 금이나 보석이 있다면 그것도 재산이지요. 부모님의 자동차도 부모님의 재산이에요. 재산이 많으면 부자라고 말한답니다. 어른들이 열심히 일하는 이유 중 하나는 바로 재산을 모으기 위해서예요. 여러분이 나중에 돈을 벌면 어떤 재산을 가지고 싶나요? 상상한 것을 얘기해 보세요.

| 예문 | **This is my property.**
이것은 내 소유물(재산)이야. |

참석하다
attend

어떤 자리나 모임에 가서 낌

'참석하다'는 어떤 장소, 행사, 활동에 참여하는 것을 뜻해요. 친구의 생일 파티에 참석하거나 동네에서 열리는 콘서트에 참석하는 것, 매주 일요일 교회 예배에 참석하는 것처럼요. 'attend'는 학교 수업에 '출석하다'라는 의미로도 사용할 수 있어요. 'attend school'이라고 하면 '학교에 다니다'라는 의미가 된답니다. 여러분은 이번 주어느 곳에 참석했나요?

| 예문 | **Can you attend my birthday party?**
내 생일 파티에 참석해 줄 수 있어요? |

178

ignore
무시하다

사람의 존재나 가치를 깔보고 반응하지 않음

'ignore'는 의도적으로 누군가에게 주의를 기울이지 않는다는 의미예요. 동생이 나를 부르는데 못 들은 척하고 계속 내 할 일만 한다면, 여러분은 동생을 '무시'하고 있는 거예요. 사람을 무시하는 것은 정말 옳지 않은 행동이에요. 설령 그 사람의 행동이나 그 사람 자체가 마음에 들지 않더라도 말이지요. 더욱이 가족이나 친구를 무시하는 것은 올바른 태도가 아니랍니다.

예문 **Do not ignore your friends.**
당신의 친구들을 무시하지 마세요.

고치다
fix

고장 나거나 낡은 것을 손질해 다시 쓸 수 있게 함

'고치다'는 고장 나서 제대로 작동하지 않는 것을 다시 쓸 수 있게 하는 거예요. 자전거, 장난감 등 작동하지 않는 것을 다시 작동하도록 만드는 과정이지요. 'fix'는 '수리하다' 외에 '(움직이지 않게) 고정시키다'라는 뜻도 있어요. "일정이 픽스되었다"라는 말을 들어 봤을 거예요. 이건 곧 '일정이 고정되었다', '일정이 잡혔다'는 의미이지요.

예문

Can you fix my bike?
내 자전거를 고쳐 줄 수 있어요?

frustrate

좌절시키다

어떤 일을 헛되이 끝나게 해 기운을 크게 꺾음

'frustrate'는 무언가를 바꾸거나 이뤄 낼 수 없게 해서 마음을 무너뜨리는 거예요. 연습을 많이 했는데도 피아노 곡을 칠 때 실수를 많이 한다거나 여러 번 풀어 봤던 수학 문제가 또 풀리지 않을 때, 속상하고 좌절감이 느껴질 거예요. 이처럼 힘든 일이나 문제를 겪을 때면 좌절하는 마음이 생겨요. 하지만 좌절 없이 성장하는 사람은 없답니다. 어쩔 수 없이 좌절하더라도 이를 이겨 내려는 단단한 마음을 가져 보자고요!

예문	**This puzzle can frustrate many people.** 이 퍼즐은 많은 사람들을 좌절시킬 것이다.

추가 단어	**puzzle** 퍼즐

설명하다
explain
어떤 것을 남이 잘 알아듣도록 말함

'설명하다'는 특정한 주제나 상황을 분명히 하거나 다른 사람들이 이해할 수 있도록 말하는 거예요. 'explain'은 정말 중요한 단어예요. 우리가 말이나 글을 쓰는 가장 큰 이유는 무언가를 설명하기 위해서거든요. 혹시 어떤 사실이 궁금해서 설명이 필요하다면 상대방에게 이렇게 물어보세요! "Please explain it to me(저에게 그것을 설명해 주세요)."

| 예문 | **I will explain the rules.**
규칙을 설명할게요. |

disappoint
실망시키다
바라는 대로 되지 않아 속상함

'disappoint'는 누군가의 희망이나 기대를 만족시키지 못했다는 뜻이에요. 생일 선물 포장을 뜯어 보니 기대했던 것이 아니어서 실망했던 경험이 있나요? 좋아하는 아이스크림이 마트에 없어서 실망했던 적은요? 실망스러운 마음은 상황뿐만 아니라 사람에게도 생겨요. 누구나 살면서 실수를 하고 그 실수 때문에 상대방에게 실망한답니다. 그러지 않기 위해 노력하는 것이 중요하지요. 여러분은 친구에게 실망하거나 친구를 실망시켜 본 적 있나요?

예문	**I do not want to disappoint you.** 나는 너를 실망시키고 싶지 않아.

소개하다
introduce

서로의 관계를 맺어 줌. 알려지지 않은 것을 알려 줌

'소개하다'는 나를 알리는 것을 포함해 다른 사람에게 누군가 또는 무언가를 알린다는 의미예요. 새로운 사람을 만났을 때, 가장 먼저 해야 하는 것은 바로 '자기소개'예요. 여기서 중요한 단어가 바로 'introduce', '소개하다'랍니다. 외국인을 만나서 자기소개를 해야 하는 상황이라면 어떻게 말하고 싶나요? 여러분은 어떤 사람인가요?

예문	**Can you introduce yourself?** 자기소개를 해 주시겠어요?

ruin

망치다

일을 그르쳐서 못 되게 만듦

'ruin'은 무언가를 파괴하거나 망가뜨린다는 뜻이에요. 온 가족이 해변에 모래성을 열심히 쌓았는데 파도가 밀려와 모래성을 무너뜨렸다면 '파도가 모래성을 망쳤다'고 할 수 있어요. 동생이 그림을 밟아 그림을 망치거나 실수로 주스를 엎어서 숙제를 망칠 수도 있지요. 의도적이든 의도적이 아닌 주변 사람들의 분위기나 기분을 망치는 말이나 행동을 하는 사람들이 있어요. 이런 사람은 누구나 싫어하겠죠? 그럴 때 쓸 수 있는 말이 바로 아래 예문의 "Do not ruin the mood!"랍니다.

예문

Do not ruin the mood.
기분을 망치지 마세요.

Practice makes perfect.

연습은 완벽을 만든다.

★ 태형 쌤의 영어 공부 꿀팁 ★
어휘력 키우기

한글 어휘력이 곧 영어 어휘력!

단어를 잘 활용하는 능력을 '어휘력'이라고 해. 영어 어휘력이 좋으면 영어 문장이 술술 읽히기 때문에 모두들 영단어를 열심히 공부하려고 해. 그런데 그거 알아? 영어 어휘력을 빨리 향상시키기 위해서는 한글 어휘력이 우선이라는 사실을! 예를 들어 볼까? 편견이라는 뜻을 가진 'bias'라는 영단어를 공부할 때, 단어의 뜻인 한글 어휘 '편견'의 뜻을 제대로 모른다면 'b, i, a, s'라는 영어 스펠링을 잘 외우더라도 절대로 이 단어가 들어간 문장을 해석하거나 단어를 활용해서 문장을 쓸 수 없어. 그리고 어렵게 외운 스펠링도 금방 까먹게 되지. 왜냐하면 한글 뜻을 모르면 단어에 대한 기억이 금세 없어져 버리거든. 그래서 영단어 고수가 되기 위해서는 무엇보다 먼저 한글 어휘력을 키워야 해. 영단어를 공부하다가 한글 뜻을 정확하게 모르는 것 같다는 생각이 들면 주저하지 말고 사전부터 찾아보는 습관을 만들자!

그래서 이 일력 책 2부에서는 조금 어려운 한글 어휘부터 공부하고 나서 그다음에 영단어를 공부하도록 되어 있어. 이제 이 책의 1부와 2부가 모습이 다른 이유를 알겠지?

영어 어휘력 고수가 되는 꿀팁!

1. 영단어를 공부할 때 한글 뜻도 같이 공부한다는 마음 갖기
2. 모르는 한글 어휘는 바로 사전을 찾아보기
3. 이 책의 2부를 통해 한글 어휘력 업그레이드하기

Day 183 ~ Day 365

2부

2부는 밑줄 친 한글의 뜻과 예문을 충분히 익힌 후 영단어를 공부하면 훨씬 이해하기 쉬울 거야.

복습 워크북은 7~8일마다 공부한 영어 단어를 복습할 수 있게 되어 있습니다.

일주일에 한 번씩 공부한 날짜에 맞춰 영단어를 복습해 보세요.

워크북은 정답을 맞추는 것보다는 공부한 단어를 상기해 보고, 암기를 돕도록 구성되어 있습니다.

잘 떠오르지 않는 영단어는 별표 표시를 해 두고, 일력 책을 다시 넘겨 보며 기억을 더듬어 보세요.

워크북을 잘 활용하면 영단어 실력 향상에 큰 도움이 될 것입니다.

1. 단어와 뜻을 바르게 연결해 보세요.

point •	• 오전
count •	• 모양
shape •	• 중요한
important •	• 가을
autumn •	• 깨끗한
A.M. / a.m. •	• 가리키다
clean •	• 세다

2. 단어를 읽고, 세 번씩 똑같이 따라 써 보세요.

autumn	autumn	autumn	autumn
point	point	point	point
A.M./a.m.	A.M./a.m.	A.M./a.m.	A.M./a.m.
count	count	count	count
clean	clean	clean	clean
important	important	important	important
shape	shape	shape	shape

3. 단어의 뜻을 보고 빠진 철자를 넣어 단어를 완성해 보세요.

중요한	i _ por _ ant
가을	autu _ _
깨끗한	_ lean
가리키다	p _ int
오전	_ .m.
모양	s _ ape
세다	co _ nt

4. 단어의 뜻과 알파벳 첫 자를 보고 단어를 완성하세요.

오전	a_____
세다	c_____
가리키다	p_____
가을	a_____
깨끗한	c_____
모양	s_____
중요한	i_____

5. 단어를 보고 알맞은 뜻을 써 보세요.

important	point	autumn	A.M. / a.m.	count	clean	shape

2 Day 8 ~ Day 14

1. 단어와 뜻을 바르게 연결해 보세요.

kind •   • 균형

push •   • 종류, 유형

silly •   • 밀다

alone •   • 변하다

balance •   • 혼자, 다른 사람 없이

change •   • 화, 노여움

anger •   • 어리석은

2. 단어를 읽고, 세 번씩 똑같이 따라 써 보세요.

kind	kind	kind	kind
push	push	push	push
silly	silly	silly	silly
alone	alone	alone	alone
balance	balance	balance	balance
change	change	change	change
anger	anger	anger	anger

3. 단어의 뜻을 보고 빠진 철자를 넣어 단어를 완성해 보세요.

균형	b _ l a n _ e
종류, 유형	k _ n d
밀다	p u _ h
변하다	_ h a n _ e
혼자, 다른 사람 없이	a _ _ n e
화, 노여움	a n _ e r
어리석은	s i l _ y

4. 단어의 뜻과 알파벳 첫 자를 보고 단어를 완성하세요.

종류, 유형	k _____
밀다	p _____
어리석은	s _____
혼자, 다른 사람 없이	a _____
균형	b _____
변하다	c _____
화, 노여움	a _____

5. 단어를 보고 알맞은 뜻을 써 보세요.

kind	balance	alone	silly	change	anger	push

3 Day 15 ~ Day 21

1. 단어와 뜻을 바르게 연결해 보세요.

dictionary • • 싫어하다
plant • • 관심을 가지다
answer • • ~할 수 있는
equal • • 동등한
hate • • 사전
able • • 대답하다, 대답
care • • 심다, 식물

2. 단어를 읽고, 세 번씩 똑같이 따라 써 보세요.

dictionary dictionary dictionary dictionary
plant plant plant plant
answer answer answer answer
equal equal equal equal
hate hate hate hate
able able able able
care care care care

3. 단어의 뜻을 보고 빠진 철자를 넣어 단어를 완성해 보세요.

사전	di _ tionar _
심다, 식물	_ la _ t
대답하다, 대답	ans _ er
동등한	e _ ual
싫어하다	h _ te
~할 수 있는	a _ le
관심을 가지다	ca _ e

4. 단어의 뜻과 알파벳 첫 자를 보고 단어를 완성하세요.

싫어하다	h_____
관심을 가지다	c_____
~할 수 있는	a_____
동등한	e_____
사전	d_____
대답하다, 대답	a_____
심다, 식물	p_____

5. 단어를 보고 알맞은 뜻을 써 보세요.

answer	equal	hate	able	care	plant	dictionary

1. 단어와 뜻을 바르게 연결해 보세요.

discount •	• 충돌하다
glory •	• 자부심
search •	• 확신하는
sure •	• 영광
empty •	• 비어 있는
crash •	• 찾아보다
pride •	• 할인

2. 단어를 읽고, 세 번씩 똑같이 따라 써 보세요.

discount	discount	discount	discount
glory	glory	glory	glory
search	search	search	search
sure	sure	sure	sure
empty	empty	empty	empty
crash	crash	crash	crash
pride	pride	pride	pride

3. 단어의 뜻을 보고 빠진 철자를 넣어 단어를 완성해 보세요.

할인	d i _ c o _ n t
영광	g l o _ y
찾아보다	s e _ r c h
확신하는	s u r _
비어 있는	e m _ t y
충돌하다	c r a _ h
자부심	p r _ d e

4. 단어의 뜻과 알파벳 첫 자를 보고 단어를 완성하세요.

충돌하다	c _____
자부심	p _____
확신하는	s _____
영광	g _____
비어 있는	e _____
찾아보다	s _____
할인	d _____

5. 단어를 보고 알맞은 뜻을 써 보세요.

search	sure	pride	glory	crash	empty	discount

5 Day 29 ~ Day 36

1. 단어와 뜻을 바르게 연결해 보세요.

soon •　　• 피해

cancel •　　• 응원하다

cost •　　• 살아 있는

climate •　　• 취소하다

damage •　　• 곧

cheer •　　• 비용이 들다

alive •　　• 기후

2. 단어를 읽고, 세 번씩 똑같이 따라 써 보세요.

soon	soon	soon	soon
cancel	cancel	cancel	cancel
cost	cost	cost	cost
climate	climate	climate	climate
damage	damage	damage	damage
cheer	cheer	cheer	cheer
alive	alive	alive	alive

3. 단어의 뜻을 보고 빠진 철자를 넣어 단어를 완성해 보세요.

곧	s o _ n
취소하다	c a _ c e l
비용이 들다	c o s _
기후	c l _ m a t e
피해	d a _ a g e
응원하다	c _ e e r
살아 있는	a l _ v e

4. 단어의 뜻과 알파벳 첫 자를 보고 단어를 완성하세요.

피해	d＿＿＿＿＿＿
응원하다	c＿＿＿＿＿＿
살아 있는	a＿＿＿＿＿＿
취소하다	c＿＿＿＿＿＿
곧	s＿＿＿＿＿＿
비용이 들다	c＿＿＿＿＿＿
기후	c＿＿＿＿＿＿

5. 단어를 보고 알맞은 뜻을 써 보세요.

cost	climate	soon	cancel	damage	alive	cheer

1. 단어와 뜻을 바르게 연결해 보세요.

annual • • 공격하다

attack • • 빌리다

borrow • • 매년의

detail • • 출석한

enough • • 구조하다

save • • 충분한

present • • 세부 사항

2. 단어를 읽고, 세 번씩 똑같이 따라 써 보세요.

annual   annual   annual   annual

attack   attack   attack   attack

borrow   borrow   borrow   borrow

detail   detail   detail   detail

enough   enough   enough   enough

save   save   save   save

present   present   present   present

3. 단어의 뜻을 보고 빠진 철자를 넣어 단어를 완성해 보세요.

매년의	an _ ual
공격하다	a _ tack
빌리다	bo _ row
세부 사항	deta _ l
충분한	enou _ h
구조하다	sa _ e
출석한	pre _ ent

4. 단어의 뜻과 알파벳 첫 자를 보고 단어를 완성하세요.

공격하다	a_____
빌리다	b_____
매년의	a_____
출석한	p_____
구조하다	s_____
충분한	e_____
세부 사항	d_____

5. 단어를 보고 알맞은 뜻을 써 보세요.

detail	annual	present	enough	damage	save	borrow

7 Day 44 ~ Day 50

1. 단어와 뜻을 바르게 연결해 보세요.

mental • • 똑바로

straight • • 기록하다

follow • • 무서워하는

just • • 정신의

stress • • 방금, 막

afraid • • 강조하다

record • • 따라가다

2. 단어를 읽고, 세 번씩 똑같이 따라 써 보세요.

mental	mental	mental	mental
straight	straight	straight	straight
follow	follow	follow	follow
just	just	just	just
stress	stress	stress	stress
afraid	afraid	afraid	afraid
record	record	record	record

3. 단어의 뜻을 보고 빠진 철자를 넣어 단어를 완성해 보세요.

정신의	m e n t _ l
똑바로	s t r a _ g h t
따라가다	f o l _ o w
방금, 막	j u s _
강조하다	s _ r e s s
무서워하는	a f r a _ d
기록하다	_ e c o r d

4. 단어의 뜻과 알파벳 첫 자를 보고 단어를 완성하세요.

똑바로	s _____
기록하다	r _____
무서워하는	a _____
정신의	m _____
방금, 막	j _____
강조하다	s _____
따라가다	f _____

5. 단어를 보고 알맞은 뜻을 써 보세요.

record	afraid	stress	just	follow	straight	mental

8 Day 51 ~ Day 57

1. 단어와 뜻을 바르게 연결해 보세요.

contain •   • 맞는, 정확한

education •   • 사과

chase •   • 각도

accident •   • 사고

angle •   • 추적하다

apology •   • 교육

correct •   • 들어 있다

2. 단어를 읽고, 세 번씩 똑같이 따라 써 보세요.

contain	contain	contain	contain
education	education	education	education
chase	chase	chase	chase
accident	accident	accident	accident
angle	angle	angle	angle
apology	apology	apology	apology
correct	correct	correct	correct

3. 단어의 뜻을 보고 빠진 철자를 넣어 단어를 완성해 보세요.

들어 있다	conta _ n
교육	e _ ucat _ on
추적하다	cha _ e
사고	a _ cident
각도	ang _ e
사과	apol _ gy
맞는, 정확한	cor _ ect

4. 단어의 뜻과 알파벳 첫 자를 보고 단어를 완성하세요.

맞는, 정확한	c _____
사과	a _____
각도	a _____
사고	a _____
추적하다	c _____
교육	e _____
들어 있다	c _____

5. 단어를 보고 알맞은 뜻을 써 보세요.

education	apology	angle	contain	correct	accident	chase

1. 단어와 뜻을 바르게 연결해 보세요.

disease •	• 사회
gender •	• 질병
mistake •	• 성별
miracle •	• 실수
receipt •	• 기적
society •	• 영수증
talent •	• 재능

2. 단어를 읽고, 세 번씩 똑같이 따라 써 보세요.

disease	disease	disease	disease
gender	gender	gender	gender
mistake	mistake	mistake	mistake
miracle	miracle	miracle	miracle
receipt	receipt	receipt	receipt
society	society	society	society
talent	talent	talent	talent

3. 단어의 뜻을 보고 빠진 철자를 넣어 단어를 완성해 보세요.

질병	d _ sease
성별	gen _ er
실수	mist _ ke
기적	m _ racle
영수증	recei _ t
사회	soc _ ety
재능	t _ lent

4. 단어의 뜻과 알파벳 첫 자를 보고 단어를 완성하세요.

사회	s _____
질병	d _____
성별	g _____
실수	m _____
기적	m _____
영수증	r _____
재능	t _____

5. 단어를 보고 알맞은 뜻을 써 보세요.

mistake	disease	gender	receipt	society	talent	miracle

1. 단어와 뜻을 바르게 연결해 보세요.

succeed	•	• 엉망
familiar	•	• 성공하다
notice	•	• 친숙한
mess	•	• 알아차리다
abroad	•	• 범죄
book	•	• 예약하다
crime	•	• 해외에

2. 단어를 읽고, 세 번씩 똑같이 따라 써 보세요.

succeed	succeed	succeed	succeed
familiar	familiar	familiar	familiar
notice	notice	notice	notice
mess	mess	mess	mess
abroad	abroad	abroad	abroad
book	book	book	book
crime	crime	crime	crime

3. 단어의 뜻을 보고 빠진 철자를 넣어 단어를 완성해 보세요.

성공하다	s u _ c e e d
친숙한	f a m i l _ a r
알아차리다	n _ t i c e
엉망	_ e s s
해외에	a b r o _ d
예약하다	b o o _
범죄	c r _ m e

4. 단어의 뜻과 알파벳 첫 자를 보고 단어를 완성하세요.

엉망	m_____
성공하다	s_____
친숙한	f_____
알아차리다	n_____
범죄	c_____
예약하다	b_____
해외에	a_____

5. 단어를 보고 알맞은 뜻을 써 보세요.

crime	succeed	book	familiar	abroad	notice	mess

11 Day 73 ~ Day 79

1. 단어와 뜻을 바르게 연결해 보세요.

economy •		• 의견
method •		• 폭력적인
produce •		• 실
store •		• 보관하다
thread •		• 생산하다
violent •		• 방법
opinion •		• 경제

2. 단어를 읽고, 세 번씩 똑같이 따라 써 보세요.

economy	economy	economy	economy
method	method	method	method
produce	produce	produce	produce
store	store	store	store
thread	thread	thread	thread
violent	violent	violent	violent
opinion	opinion	opinion	opinion

3. 단어의 뜻을 보고 빠진 철자를 넣어 단어를 완성해 보세요.

경제	e c o _ o m y
방법	m e t _ o d
생산하다	p r _ d u c e
보관하다	s _ o r e
실	t h r _ a d
폭력적인	v i o _ e n t
의견	o p _ n i o n

4. 단어의 뜻과 알파벳 첫 자를 보고 단어를 완성하세요.

의견	o_____
폭력적인	v_____
실	t_____
보관하다	s_____
생산하다	p_____
방법	m_____
경제	e_____

5. 단어를 보고 알맞은 뜻을 써 보세요.

method	produce	opinion	economy	thread	violent	store

1. 단어와 뜻을 바르게 연결해 보세요.

pain •   • 언어

departure •   • 벌금

duty •   • 고통

aim •   • 출발

apply •   • 목표

fine •   • 의무

language •   • 지원하다

2. 단어를 읽고, 세 번씩 똑같이 따라 써 보세요.

pain	pain	pain	pain
departure	departure	departure	departure
duty	duty	duty	duty
aim	aim	aim	aim
apply	apply	apply	apply
fine	fine	fine	fine
language	language	language	language

3. 단어의 뜻을 보고 빠진 철자를 넣어 단어를 완성해 보세요.

고통	pa _ n
출발	de _ art _ re
의무	dut _
목표	a _ m
지원하다	app _ y
벌금	_ ine
언어	lan _ ua _ e

4. 단어의 뜻과 알파벳 첫 자를 보고 단어를 완성하세요.

언어	l _____
벌금	f _____
고통	p _____
출발	d _____
목표	a _____
의무	d _____
지원하다	a _____

5. 단어를 보고 알맞은 뜻을 써 보세요.

departure	aim	fine	language	apply	duty	pain

 **Day 87 ~ Day 94**

1. 단어와 뜻을 바르게 연결해 보세요.

privacy • • 사생활

situation • • 궁금하다

wonder • • 기준

rescue • • 기초적인

standard • • 공포

horror • • 구조하다

elementary • • 상황

2. 단어를 읽고, 세 번씩 똑같이 따라 써 보세요.

privacy	privacy	privacy	privacy
situation	situation	situation	situation
wonder	wonder	wonder	wonder
rescue	rescue	rescue	rescue
standard	standard	standard	standard
horror	horror	horror	horror
elementary	elementary	elementary	elementary

3. 단어의 뜻을 보고 빠진 철자를 넣어 단어를 완성해 보세요.

사생활	pr _ vacy
상황	situ _ t _ on
궁금하다	wo _ der
구조하다	resc _ e
기준	s _ anda _ d
공포	hor _ or
기초적인	el _ menta _ y

4. 단어의 뜻과 알파벳 첫 자를 보고 단어를 완성하세요.

사생활	p_____
궁금하다	w_____
기준	s_____
기초적인	e_____
공포	h_____
구조하다	r_____
상황	s_____

5. 단어를 보고 알맞은 뜻을 써 보세요.

rescue	situation	standard	privacy	horror	elementary	wonder

14 Day 95 ~ Day 101

1. 단어와 뜻을 바르게 연결해 보세요.

quit •	• 환경
environment •	• 그만두다
alike •	• 포함하다
include •	• (아주)비슷한
mature •	• 심각한
serious •	• 성숙한
prepare •	• 준비하다

2. 단어를 읽고, 세 번씩 똑같이 따라 써 보세요.

quit	quit	quit	quit
environment	environment	environment	environment
alike	alike	alike	alike
include	include	include	include
mature	mature	mature	mature
serious	serious	serious	serious
prepare	prepare	prepare	prepare

3. 단어의 뜻을 보고 빠진 철자를 넣어 단어를 완성해 보세요.

그만두다	q _ it
환경	env _ ron _ ent
(아주)비슷한	ali _ e
포함하다	_ ncl _ de
성숙한	matu _ e
심각한	se _ ious
준비하다	p _ epare

4. 단어의 뜻과 알파벳 첫 자를 보고 단어를 완성하세요.

환경	e_____
그만두다	q_____
포함하다	i_____
(아주)비슷한	a_____
심각한	s_____
성숙한	m_____
준비하다	p_____

5. 단어를 보고 알맞은 뜻을 써 보세요.

alike	environment	mature	serious	prepare	include	quit

 Day 102 ~ Day 108

1. 단어와 뜻을 바르게 연결해 보세요.

positive •　　• 긍정적인

purpose •　　• 목적

increase •　　• (~에) 반대하여

diverse •　　• 유명한 사람

decorate •　　• 장식하다

celebrity •　　• 다양한

against •　　• 증가하다

2. 단어를 읽고, 세 번씩 똑같이 따라 써 보세요.

positive	positive	positive	positive
purpose	purpose	purpose	purpose
increase	increase	increase	increase
diverse	diverse	diverse	diverse
decorate	decorate	decorate	decorate
celebrity	celebrity	celebrity	celebrity
against	against	against	against

3. 단어의 뜻을 보고 빠진 철자를 넣어 단어를 완성해 보세요.

긍정적인	p o s _ t _ v e
목적	p u _ p o s e
증가하다	i n _ r e a s e
다양한	d i v e _ s e
장식하다	d e c o _ a t e
유명한 사람	c e _ e b r _ t y
(~에) 반대하여	a g a _ n s _

4. 단어의 뜻과 알파벳 첫 자를 보고 단어를 완성하세요.

긍정적인	p_____
목적	p_____
(~에) 반대하여	a_____
유명한 사람	c_____
장식하다	d_____
다양한	d_____
증가하다	i_____

5. 단어를 보고 알맞은 뜻을 써 보세요.

diverse	increase	decorate	purpose	celebrity	positive	against

1. 단어와 뜻을 바르게 연결해 보세요.

average • • 상상하다

broadcast • • 반복하다

connect • • 감정

deliver • • 배달하다

emotion • • 연결하다

repeat • • 방송하다

imagine • • 평균의

2. 단어를 읽고, 세 번씩 똑같이 따라 써 보세요.

average average average average

broadcast broadcast broadcast broadcast

connect connect connect connect

deliver deliver deliver deliver

emotion emotion emotion emotion

repeat repeat repeat repeat

imagine imagine imagine imagine

3. 단어의 뜻을 보고 빠진 철자를 넣어 단어를 완성해 보세요.

평균의	a _ era _ e
방송하다	_ roadc _ st
연결하다	con _ ect
배달하다	del _ ver
감정	e _ otion
반복하다	re _ eat
상상하다	_ magine

4. 단어의 뜻과 알파벳 첫 자를 보고 단어를 완성하세요.

상상하다	i _____
반복하다	r _____
감정	e _____
배달하다	d _____
연결하다	c _____
방송하다	b _____
평균의	a _____

5. 단어를 보고 알맞은 뜻을 써 보세요.

average	connect	emotion	repeat	imagine	deliver	broadcast

 **Day 116 ~ Day 123**

1. 단어와 뜻을 바르게 연결해 보세요.

forgive •   • 조심

destination •   • 연락하다

calculate •   • 명령하다

anniversary •   • 용서하다

caution •   • 목적지

contact •   • 계산하다

command •   • 기념일

2. 단어를 읽고, 세 번씩 똑같이 따라 써 보세요.

forgive	forgive	forgive	forgive
destination	destination	destination	destination
calculate	calculate	calculate	calculate
anniversary	anniversary	anniversary	anniversary
caution	caution	caution	caution
contact	contact	contact	contact
command	command	command	command

3. 단어의 뜻을 보고 빠진 철자를 넣어 단어를 완성해 보세요.

용서하다	fo _ give
목적지	_ est _ nation
계산하다	c _ lculat _
기념일	ann _ vers _ ry
조심	ca _ tion
연락하다	cont _ ct
명령하다	co _ mand

4. 단어의 뜻과 알파벳 첫 자를 보고 단어를 완성하세요.

조심	c_____
연락하다	c_____
명령하다	c_____
용서하다	f_____
목적지	d_____
계산하다	c_____
기념일	a_____

5. 단어를 보고 알맞은 뜻을 써 보세요.

caution	contact	command	forgive	destination	calculate	anniversary

1. 단어와 뜻을 바르게 연결해 보세요.

effort •　　　• 용기

invent •　　　• 약속하다

outcome •　　　• 줄이다

satisfy •　　　• 만족시키다

reduce •　　　• 결과

promise •　　　• 발명하다

courage •　　　• 노력

2. 단어를 읽고, 세 번씩 똑같이 따라 써 보세요.

effort	effort	effort	effort
invent	invent	invent	invent
outcome	outcome	outcome	outcome
satisfy	satisfy	satisfy	satisfy
reduce	reduce	reduce	reduce
promise	promise	promise	promise
courage	courage	courage	courage

3. 단어의 뜻을 보고 빠진 철자를 넣어 단어를 완성해 보세요.

노력	e f f o _ t
발명하다	_ n v e n t
결과	o u _ c o m e
만족시키다	s a t _ s f y
줄이다	r e _ u c e
약속하다	p r _ m i s e
용기	c o u _ a g e

4. 단어의 뜻과 알파벳 첫 자를 보고 단어를 완성하세요.

용기	c _____
약속하다	p _____
줄이다	r _____
만족시키다	s _____
결과	o _____
발명하다	i _____
노력	e _____

5. 단어를 보고 알맞은 뜻을 써 보세요.

courage	effort	invent	promise	reduce	satisfy	outcome

 **Day 131 ~ Day 137**

1. 단어와 뜻을 바르게 연결해 보세요.

certain •   • 이용할 수 있는

available •   • 자신감

confidence •   • 희귀한

rare •   • 거부하다

reject •   • 세금

tax •   • 목표

target •   • 확실한

2. 단어를 읽고, 세 번씩 똑같이 따라 써 보세요.

certain	certain	certain	certain
available	available	available	available
confidence	confidence	confidence	confidence
rare	rare	rare	rare
reject	reject	reject	reject
tax	tax	tax	tax
target	target	target	target

3. 단어의 뜻을 보고 빠진 철자를 넣어 단어를 완성해 보세요.

확실한	ce _ tain
이용할 수 있는	_ vaila _ le
자신감	conf _ den _ e
희귀한	ra _ e
거부하다	re _ ect
세금	ta _
목표	tar _ et

4. 단어의 뜻과 알파벳 첫 자를 보고 단어를 완성하세요.

이용할 수 있는	a _____
자신감	c _____
희귀한	r _____
거부하다	r _____
세금	t _____
목표	t _____
확실한	c _____

5. 단어를 보고 알맞은 뜻을 써 보세요.

confidence	certain	rare	reject	target	tax	available

1. 단어와 뜻을 바르게 연결해 보세요.

tradition •	• 전통
urgent •	• 회복하다
honor •	• 속상한
mention •	• 명예
expert •	• 긴급한
upset •	• 전문가
recover •	• 언급하다

2. 단어를 읽고, 세 번씩 똑같이 따라 써 보세요.

tradition	tradition	tradition	tradition
urgent	urgent	urgent	urgent
honor	honor	honor	honor
mention	mention	mention	mention
expert	expert	expert	expert
upset	upset	upset	upset
recover	recover	recover	recover

3. 단어의 뜻을 보고 빠진 철자를 넣어 단어를 완성해 보세요.

전통	tra _ iti _ n
긴급한	ur _ ent
명예	_ onor
언급하다	men _ ion
전문가	e _ pert
속상한	u _ set
회복하다	re _ over

4. 단어의 뜻과 알파벳 첫 자를 보고 단어를 완성하세요.

전통	t _____
회복하다	r _____
속상한	u _____
명예	h _____
긴급한	u _____
전문가	e _____
언급하다	m _____

5. 단어를 보고 알맞은 뜻을 써 보세요.

expert	tradition	mention	upset	recover	honor	urgent

1. 단어와 뜻을 바르게 연결해 보세요.

quality • • 질
industry • • 추천하다
flexible • • 거절하다
challenge • • 계속하다
continue • • 도전
refuse • • 유연한
recommend • • 산업

2. 단어를 읽고, 세 번씩 똑같이 따라 써 보세요.

quality · quality · quality · quality
industry · industry · industry · industry
flexible · flexible · flexible · flexible
challenge · challenge · challenge · challenge
continue · continue · continue · continue
refuse · refuse · refuse · refuse
recommend · recommend · recommend · recommend

3. 단어의 뜻을 보고 빠진 철자를 넣어 단어를 완성해 보세요.

질	q _ al _ ty
산업	_ ndus _ ry
유연한	fle _ i _ le
도전	chal _ en _ e
계속하다	cont _ nue
거절하다	refus _
추천하다	_ eco _ mend

4. 단어의 뜻과 알파벳 첫 자를 보고 단어를 완성하세요.

질	q_____
추천하다	r_____
거절하다	r_____
계속하다	c_____
도전	c_____
유연한	f_____
산업	i_____

5. 단어를 보고 알맞은 뜻을 써 보세요.

continue	quality	challenge	recommend	flexible	industry	refuse

1. 단어와 뜻을 바르게 연결해 보세요.

liberty • • 국제적인

generation • • 자유

despair • • 세대

compare • • 절망

domestic • • 동일한

identical • • 국내의

international • • 비교하다

2. 단어를 읽고, 세 번씩 똑같이 따라 써 보세요.

liberty liberty liberty liberty

generation generation generation generation

despair despair despair despair

compare compare compare compare

domestic domestic domestic domestic

identical identical identical identical

international international international international

3. 단어의 뜻을 보고 빠진 철자를 넣어 단어를 완성해 보세요.

자유	l _ b e _ t y
세대	g _ n _ ration
절망	des _ air
비교하다	co _ pa _ e
국내의	d _ mest _ c
동일한	i _ enti _ al
국제적인	inte _ natio _ al

4. 단어의 뜻과 알파벳 첫 자를 보고 단어를 완성하세요.

국제적인	i _____
자유	l _____
세대	g _____
절망	d _____
동일한	i _____
국내의	d _____
비교하다	c _____

5. 단어를 보고 알맞은 뜻을 써 보세요.

domestic	liberty	identical	generation	despair	compare	international

 **23** Day 160 ~ Day 166

1. 단어와 뜻을 바르게 연결해 보세요.

necessary •   • 필요한

population •   • 인구

require •   • 적절한

proper •   • 필요하다

recognize •   • 알아보다

quantity •   • 기회

opportunity •   • 양

2. 단어를 읽고, 세 번씩 똑같이 따라 써 보세요.

necessary necessary necessary necessary

population population population population

require require require require

proper proper proper proper

recognize recognize recognize recognize

quantity quantity quantity quantity

opportunity opportunity opportunity opportunity

3. 단어의 뜻을 보고 빠진 철자를 넣어 단어를 완성해 보세요.

필요한	_ e c e _ s a r y
인구	p o _ u l a t _ o n
필요하다	r e _ u i r e
적절한	p r _ p e r
알아보다	r _ c o _ n i z e
양	q _ a n t i _ y
기회	o p _ o r t u n i _ y

4. 단어의 뜻과 알파벳 첫 자를 보고 단어를 완성하세요.

필요한	n_____
인구	p_____
적절한	p_____
필요하다	r_____
알아보다	r_____
기회	o_____
양	q_____

5. 단어를 보고 알맞은 뜻을 써 보세요.

opportunity	quantity	recognize	proper	require	population	necessary

1. 단어와 뜻을 바르게 연결해 보세요.

influence • • 독립적인

independent • • 부정적인

complain • • 영향을 주다

convenient • • 불평하다

emergency • • 편리한

literature • • 비상사태

negative • • 문학

2. 단어를 읽고, 세 번씩 똑같이 따라 써 보세요.

influence	influence	influence	influence
independent	independent	independent	independent
complain	complain	complain	complain
convenient	convenient	convenient	convenient
emergency	emergency	emergency	emergency
literature	literature	literature	literature
negative	negative	negative	negative

3. 단어의 뜻을 보고 빠진 철자를 넣어 단어를 완성해 보세요.

영향을 주다	_ n f l u _ n c e
독립적인	i n d e _ e n _ e n t
불평하다	c o m _ l a i _
편리한	c o n _ e n _ e n t
비상사태	e m e r _ e n c _
문학	l i t e _ a _ u r e
부정적인	n e g _ t i _ e

4. 단어의 뜻과 알파벳 첫 자를 보고 단어를 완성하세요.

독립적인	i _____
부정적인	n _____
영향을 주다	i _____
불평하다	c _____
편리한	c _____
비상사태	e _____
문학	l _____

● 5. 단어를 보고 알맞은 뜻을 써 보세요.

convenient	emergency	influence	literature	independent	negative	complain

1. 단어와 뜻을 바르게 연결해 보세요.

regret • • 실망시키다

ashamed • • 좌절시키다

responsible • • 무시하다

property • • 재산

ignore • • 책임 있는

frustrate • • 부끄러운

disappoint • • 후회하다

2. 단어를 읽고, 세 번씩 똑같이 따라 써 보세요.

regret   regret   regret   regret

ashamed   ashamed   ashamed   ashamed

responsible   responsible   responsible   responsible

property   property   property   property

ignore   ignore   ignore   ignore

frustrate   frustrate   frustrate   frustrate

disappoint   disappoint   disappoint   disappoint

3. 단어의 뜻을 보고 빠진 철자를 넣어 단어를 완성해 보세요.

후회하다   reg _ et

부끄러운   as _ ame _

책임 있는   res _ ons _ ble

재산   pro _ er _ y

무시하다   ig _ ore

좌절시키다   f _ ustr _ te

실망시키다   d _ sap _ oint

4. 단어의 뜻과 알파벳 첫 자를 보고 단어를 완성하세요.

실망시키다   d_____

좌절시키다   f_____

무시하다   i_____

재산   p_____

책임 있는   r_____

부끄러운   a_____

후회하다   r_____

5. 단어를 보고 알맞은 뜻을 써 보세요. ●

ignore	property	responsible	frustrate	disappoint	ashamed	regret

1. 단어와 뜻을 바르게 연결해 보세요.

ruin •	• 망치다
introduce •	• 감소하다
explain •	• 설명하다
fix •	• 고치다
attend •	• 소개하다
decline •	• 참석하다
decrease •	• 감소하다

2. 단어를 읽고, 세 번씩 똑같이 따라 써 보세요.

ruin	ruin	ruin	ruin
introduce	introduce	introduce	introduce
explain	explain	explain	explain
fix	fix	fix	fix
attend	attend	attend	attend
decline	decline	decline	decline
decrease	decrease	decrease	decrease

3. 단어의 뜻을 보고 빠진 철자를 넣어 단어를 완성해 보세요.

망치다	r u _ n
소개하다	i n _ r o d _ c e
설명하다	_ x p l _ i n
고치다	f _ x
참석하다	a t _ e n d
감소하다	_ e c _ i n e
감소하다	d e _ r e a _ e

4. 단어의 뜻과 알파벳 첫 자를 보고 단어를 완성하세요.

망치다	r_____
감소하다	d_____
설명하다	e_____
고치다	f_____
소개하다	i_____
참석하다	a_____
감소하다	d_____

5. 단어를 보고 알맞은 뜻을 써 보세요.

ruin	explain	fix	introduce	decline	decrease	attend

1. 단어와 뜻을 바르게 연결해 보세요.

consult • • 창조하다

delete • • 상담하다

blend • • 삭제하다

absorb • • 선언하다

ban • • 금지하다

declare • • 흡수하다

create • • 혼합하다

2. 단어를 읽고, 세 번씩 똑같이 따라 써 보세요.

consult	consult	consult	consult
delete	delete	delete	delete
blend	blend	blend	blend
absorb	absorb	absorb	absorb
ban	ban	ban	ban
declare	declare	declare	declare
create	create	create	create

3. 단어의 뜻을 보고 빠진 철자를 넣어 단어를 완성해 보세요.

상담하다	c o n s u _ t
삭제하다	d e l _ t e
혼합하다	b l _ n d
흡수하다	a _ s o _ b
금지하다	b _ n
선언하다	d e c _ a _ e
창조하다	c r _ a _ e

4. 단어의 뜻과 알파벳 첫 자를 보고 단어를 완성하세요.

창조하다	c_____
상담하다	c_____
삭제하다	d_____
선언하다	d_____
금지하다	b_____
흡수하다	a_____
혼합하다	b_____

5. 단어를 보고 알맞은 뜻을 써 보세요.

delete	consult	absorb	blend	declare	create	ban

1. 단어와 뜻을 바르게 연결해 보세요.

prefer •   • 처리하다

warn •   • 체포하다

insult •   • 경고하다

waste •   • 선호하다

deal •   • 모욕하다

doubt •   • 의심하다

arrest •   • 낭비하다

2. 단어를 읽고, 세 번씩 똑같이 따라 써 보세요.

prefer	prefer	prefer	prefer
warn	warn	warn	warn
insult	insult	insult	insult
waste	waste	waste	waste
deal	deal	deal	deal
doubt	doubt	doubt	doubt
arrest	arrest	arrest	arrest

3. 단어의 뜻을 보고 빠진 철자를 넣어 단어를 완성해 보세요.

선호하다	pre _ er
경고하다	wa _ n
모욕하다	in _ ult
낭비하다	w _ ste
처리하다	dea _
의심하다	dou _ t
체포하다	ar _ est

4. 단어의 뜻과 알파벳 첫 자를 보고 단어를 완성하세요.

처리하다	d_____
체포하다	a_____
경고하다	w_____
선호하다	p_____
모욕하다	i_____
의심하다	d_____
낭비하다	w_____

5. 단어를 보고 알맞은 뜻을 써 보세요.

insult	waste	deal	prefer	doubt	arrest	warn

 **Day 202 ~ Day 208**

1. 단어와 뜻을 바르게 연결해 보세요.

express • • 방어하다

protect • • 해결하다

happen • • 표현하다

defend • • 보호하다

admit • • 발생하다

publish • • 출판하다

solve • • 인정하다

2. 단어를 읽고, 세 번씩 똑같이 따라 써 보세요.

express	express	express	express
protect	protect	protect	protect
happen	happen	happen	happen
defend	defend	defend	defend
admit	admit	admit	admit
publish	publish	publish	publish
solve	solve	solve	solve

3. 단어의 뜻을 보고 빠진 철자를 넣어 단어를 완성해 보세요.

표현하다	e _ pre _ s
보호하다	pro _ ect
발생하다	hap _ en
방어하다	de _ end
인정하다	adm _ t
출판하다	pu _ li _ h
해결하다	sol _ e

4. 단어의 뜻과 알파벳 첫 자를 보고 단어를 완성하세요.

방어하다	d_____
해결하다	s_____
표현하다	e_____
보호하다	p_____
발생하다	h_____
출판하다	p_____
인정하다	a_____

5. 단어를 보고 알맞은 뜻을 써 보세요.

express	publish	happen	admit	defend	solve	protect

1. 단어와 뜻을 바르게 연결해 보세요.

agree •	• 교환하다
realize •	• 동의하다
examine •	• 접근하다
insist •	• 깨닫다
indicate •	• 검사하다
approach •	• 주장하다
exchange •	• 나타내다

2. 단어를 읽고, 세 번씩 똑같이 따라 써 보세요.

agree	agree	agree	agree
realize	realize	realize	realize
examine	examine	examine	examine
insist	insist	insist	insist
indicate	indicate	indicate	indicate
approach	approach	approach	approach
exchange	exchange	exchange	exchange

3. 단어의 뜻을 보고 빠진 철자를 넣어 단어를 완성해 보세요.

동의하다	a g r _ e
깨닫다	r e a l _ z e
검사하다	e _ a m i _ e
주장하다	i n s _ s t
나타내다	i n d _ c a _ e
접근하다	a _ p r o _ c h
교환하다	e x _ h a _ g e

4. 단어의 뜻과 알파벳 첫 자를 보고 단어를 완성하세요.

교환하다	e _____
동의하다	a _____
접근하다	a _____
깨닫다	r _____
검사하다	e _____
주장하다	i _____
나타내다	i _____

5. 단어를 보고 알맞은 뜻을 써 보세요.

exchange	agree	realize	examine	insist	indicate	approach

1. 단어와 뜻을 바르게 연결해 보세요.

official	•	•	공식적인
prevent	•	•	개발하다
sometimes	•	•	수입하다
share	•	•	불이익
penalty	•	•	공유하다
import	•	•	때때로
develop	•	•	예방하다

2. 단어를 읽고, 세 번씩 똑같이 따라 써 보세요.

official	official	official	official
prevent	prevent	prevent	prevent
sometimes	sometimes	sometimes	sometimes
share	share	share	share
penalty	penalty	penalty	penalty
import	import	import	import
develop	develop	develop	develop

3. 단어의 뜻을 보고 빠진 철자를 넣어 단어를 완성해 보세요.

공식적인	o f _ i c i _ l
예방하다	p r e _ e n t
때때로	s o m e t _ m e _
공유하다	s h a _ e
불이익	p e n a _ t y
수입하다	i m _ o r t
개발하다	d e _ e l o _

4. 단어의 뜻과 알파벳 첫 자를 보고 단어를 완성하세요.

공식적인	o＿＿＿＿＿＿
개발하다	d＿＿＿＿＿＿
수입하다	i ＿＿＿＿＿＿
불이익	p＿＿＿＿＿＿
공유하다	s ＿＿＿＿＿＿
때때로	s ＿＿＿＿＿＿
예방하다	p＿＿＿＿＿＿

5. 단어를 보고 알맞은 뜻을 써 보세요.

prevent	share	import	sometimes	develop	penalty	official

1. 단어와 뜻을 바르게 연결해 보세요.

own • • 운명

destiny • • 관련시키다

bias • • 기능

victim • • 소유하다

breathe • • 편견

function • • 호흡하다

relate • • 피해자

2. 단어를 읽고, 세 번씩 똑같이 따라 써 보세요.

own	own	own	own
destiny	destiny	destiny	destiny
bias	bias	bias	bias
victim	victim	victim	victim
breathe	breathe	breathe	breathe
function	function	function	function
relate	relate	relate	relate

3. 단어의 뜻을 보고 빠진 철자를 넣어 단어를 완성해 보세요.

소유하다	o _ n
운명	des _ iny
편견	bi _ s
피해자	vict _ m
호흡하다	bre _ th _
기능	fun _ t _ on
관련시키다	re _ a _ e

4. 단어의 뜻과 알파벳 첫 자를 보고 단어를 완성하세요.

운명	d_____
관련시키다	r_____
기능	f_____
소유하다	o_____
편견	b_____
호흡하다	b_____
피해자	v_____

5. 단어를 보고 알맞은 뜻을 써 보세요.

breathe	function	relate	own	destiny	bias	victim

1. 단어와 뜻을 바르게 연결해 보세요.

delay • • 발송하다

conscience • • 구체적인

collect • • 연기하다

send • • 극복하다

democracy • • 민주주의

overcome • • 수집하다

concrete • • 양심

2. 단어를 읽고, 세 번씩 똑같이 따라 써 보세요.

delay delay delay delay

conscience conscience conscience conscience

collect collect collect collect

send send send send

democracy democracy democracy democracy

overcome overcome overcome overcome

concrete concrete concrete concrete

3. 단어의 뜻을 보고 빠진 철자를 넣어 단어를 완성해 보세요.

연기하다	d e _ a y
양심	c o n _ c i _ n c e
수집하다	c o l _ e c t
발송하다	s e _ d
민주주의	d e m _ c r a _ y
극복하다	o v e r _ o m e
구체적인	c o _ c r _ t e

4. 단어의 뜻과 알파벳 첫 자를 보고 단어를 완성하세요.

발송하다	s _____
구체적인	c _____
연기하다	d _____
극복하다	o _____
민주주의	d _____
수집하다	c _____
양심	c _____

5. 단어를 보고 알맞은 뜻을 써 보세요.

conscience	send	concrete	collect	democracy	overcome	delay

1. 단어와 뜻을 바르게 연결해 보세요.

improve • • 결정하다

decide • • 향상시키다

determine • • 결정하다

describe • • 설득하다

translate • • 빈번한

frequent • • 번역하다

persuade • • 묘사하다

2. 단어를 읽고, 세 번씩 똑같이 따라 써 보세요.

improve	improve	improve	improve
decide	decide	decide	decide
determine	determine	determine	determine
describe	describe	describe	describe
translate	translate	translate	translate
frequent	frequent	frequent	frequent
persuade	persuade	persuade	persuade

3. 단어의 뜻을 보고 빠진 철자를 넣어 단어를 완성해 보세요.

향상시키다	_ m p r o _ e
결정하다	d e _ i d e
결정하다	d e _ e _ m i n e
묘사하다	d e _ c r _ b e
번역하다	t r a n _ l a _ e
빈번한	f r e q _ e n t
설득하다	p e _ s _ a d e

4. 단어의 뜻과 알파벳 첫 자를 보고 단어를 완성하세요.

결정하다	d_____
향상시키다	i_____
결정하다	d_____
설득하다	p_____
빈번한	f_____
번역하다	t_____
묘사하다	d_____

5. 단어를 보고 알맞은 뜻을 써 보세요.

translate	improve	describe	decide	frequent	persuade	determine

1. 단어와 뜻을 바르게 연결해 보세요.

summary • • 의존하다

depend • • 완료하다

justice • • 여분의

debate • • 희생하다

sacrifice • • 정의

spare • • 토론

complete • • 요약

2. 단어를 읽고, 세 번씩 똑같이 따라 써 보세요.

summary	summary	summary	summary
depend	depend	depend	depend
justice	justice	justice	justice
debate	debate	debate	debate
sacrifice	sacrifice	sacrifice	sacrifice
spare	spare	spare	spare
complete	complete	complete	complete

3. 단어의 뜻을 보고 빠진 철자를 넣어 단어를 완성해 보세요.

요약	s u m _ a _ y
의존하다	d e _ _ n d
정의	j u _ t i _ e
토론	d e _ a t e
희생하다	s a _ r _ f i c e
여분의	s _ a r e
완료하다	c o m _ l e _ e

4. 단어의 뜻과 알파벳 첫 자를 보고 단어를 완성하세요.

의존하다	d_____
완료하다	c_____
여분의	s_____
희생하다	s_____
정의	j_____
토론	d_____
요약	s_____

5. 단어를 보고 알맞은 뜻을 써 보세요.

justice	debate	sacrifice	spare	complete	depend	summary

1. 단어와 뜻을 바르게 연결해 보세요.

instruct •   • 충실한

concentrate •   • 집중하다

evidence •   • 증거

advise •   • 조언하다

limit •   • 파괴하다

destroy •   • 제한

loyal •   • 지시하다

2. 단어를 읽고, 세 번씩 똑같이 따라 써 보세요.

instruct	instruct	instruct	instruct
concentrate	concentrate	concentrate	concentrate
evidence	evidence	evidence	evidence
advise	advise	advise	advise
limit	limit	limit	limit
destroy	destroy	destroy	destroy
loyal	loyal	loyal	loyal

3. 단어의 뜻을 보고 빠진 철자를 넣어 단어를 완성해 보세요.

지시하다	i n s _ r _ c t
집중하다	c o n _ e n _ r a t e
증거	e v _ d _ n c e
조언하다	a d v i _ e
제한, 한계	l _ m i t
파괴하다	d e _ t r _ y
충실한	l o _ a l

4. 단어의 뜻과 알파벳 첫 자를 보고 단어를 완성하세요.

충실한	l _____
집중하다	c _____
증거	e _____
조언하다	a _____
파괴하다	d _____
제한	l _____
지시하다	i _____

5. 단어를 보고 알맞은 뜻을 써 보세요.

concentrate	limit	advise	evidence	loyal	destroy	instruct

37 Day 259 ~ Day 265

1. 단어와 뜻을 바르게 연결해 보세요.

evolution •   • 본능

neutral •   • 연설

access •   • 진화

speech •   • 중립적인

expect •   • 접속하다

instinct •   • 예상하다

distract •   • 방해하다

2. 단어를 읽고, 세 번씩 똑같이 따라 써 보세요.

evolution	evolution	evolution	evolution
neutral	neutral	neutral	neutral
access	access	access	access
speech	speech	speech	speech
expect	expect	expect	expect
instinct	instinct	instinct	instinct
distract	distract	distract	distract

3. 단어의 뜻을 보고 빠진 철자를 넣어 단어를 완성해 보세요.

진화	e _ olut _ on
중립적인	ne _ tral
접속하다	acc _ ss
연설	spe _ ch
예상하다	expe _ t
본능	inst _ n _ t
방해하다	dist _ act

4. 단어의 뜻과 알파벳 첫 자를 보고 단어를 완성하세요.

본능	i _____
연설	s _____
진화	e _____
중립적인	n _____
접속하다	a _____
예상하다	e _____
방해하다	d _____

5. 단어를 보고 알맞은 뜻을 써 보세요.

speech	instinct	neutral	distract	expect	access	evolution

1. 단어와 뜻을 바르게 연결해 보세요.

donate •	• 부채
employ •	• 논리
hire •	• 공정한
encourage •	• 격려하다
fair •	• 고용하다
logic •	• 기부하다
debt •	• 고용하다

2. 단어를 읽고, 세 번씩 똑같이 따라 써 보세요.

donate	donate	donate	donate
employ	employ	employ	employ
hire	hire	hire	hire
encourage	encourage	encourage	encourage
fair	fair	fair	fair
logic	logic	logic	logic
debt	debt	debt	debt

3. 단어의 뜻을 보고 빠진 철자를 넣어 단어를 완성해 보세요.

기부하다	d o _ a t e
고용하다	e m p l o _
고용하다	h _ r e
격려하다	_ n c o _ r a g e
공정한	f a _ r
논리	l _ g i c
부채	d e _ t

4. 단어의 뜻과 알파벳 첫 자를 보고 단어를 완성하세요.

부채	d_____
논리	l_____
공정한	f_____
격려하다	e_____
고용하다	e_____
기부하다	d_____
고용하다	h_____

5. 단어를 보고 알맞은 뜻을 써 보세요.

debt	logic	donate	fair	employ	encourage	hire

39 Day 273 ~ Day 279

1. 단어와 뜻을 바르게 연결해 보세요.

achieve •   • 성취하다

harvest •   • 폭로하다

threat •   • 차지하다

advantage •   • 제거하다

remove •   • 수확하다

occupy •   • 위협

reveal •   • 장점

2. 단어를 읽고, 세 번씩 똑같이 따라 써 보세요.

achieve	achieve	achieve	achieve
harvest	harvest	harvest	harvest
threat	threat	threat	threat
advantage	advantage	advantage	advantage
remove	remove	remove	remove
occupy	occupy	occupy	occupy
reveal	reveal	reveal	reveal

3. 단어의 뜻을 보고 빠진 철자를 넣어 단어를 완성해 보세요.

성취하다	a c h i _ v e
수확하다	h a r _ e s t
위협	t _ r e _ t
장점	a d v a _ t a _ e
제거하다	r e m _ v e
차지하다	o c _ u p y
폭로하다	r e _ e a l

4. 단어의 뜻과 알파벳 첫 자를 보고 단어를 완성하세요.

성취하다	a_____
폭로하다	r_____
차지하다	o_____
제거하다	r_____
수확하다	h_____
위협	t_____
장점	a_____

5. 단어를 보고 알맞은 뜻을 써 보세요.

harvest	advantage	remove	threat	occupy	reveal	achieve

1. 단어와 뜻을 바르게 연결해 보세요.

negotiate •   • 요청

precious •   • 귀중한

prove •   • 존경하다

anxious •   • 협상하다

adapt •   • 증명하다

admire •   • 불안해하는

request •   • 적응하다

2. 단어를 읽고, 세 번씩 똑같이 따라 써 보세요.

negotiate	negotiate	negotiate	negotiate
precious	precious	precious	precious
prove	prove	prove	prove
anxious	anxious	anxious	anxious
adapt	adapt	adapt	adapt
admire	admire	admire	admire
request	request	request	request

3. 단어의 뜻을 보고 빠진 철자를 넣어 단어를 완성해 보세요.

협상하다	n e g o _ i _ t e
귀중한	p r e c _ o _ s
증명하다	p _ o _ e
불안해하는	_ n x _ o u s
적응하다	a d a _ t
존경하다	a _ m i r e
요청	r e _ u e s t

4. 단어의 뜻과 알파벳 첫 자를 보고 단어를 완성하세요.

요청	r_____
귀중한	p_____
존경하다	a_____
협상하다	n_____
증명하다	p_____
불안해하는	a_____
적응하다	a_____

5. 단어를 보고 알맞은 뜻을 써 보세요.

prove	negotiate	admire	precious	request	adapt	anxious

1. 단어와 뜻을 바르게 연결해 보세요.

humble •   • 엄격한

judge •   • 겸손한

punish •   • 처벌하다

define •   • 판단하다

suggest •   • 정의하다

demand •   • 제안하다

strict •   • 요구하다

2. 단어를 읽고, 세 번씩 똑같이 따라 써 보세요.

humble	humble	humble	humble
judge	judge	judge	judge
punish	punish	punish	punish
define	define	define	define
suggest	suggest	suggest	suggest
demand	demand	demand	demand
strict	strict	strict	strict

3. 단어의 뜻을 보고 빠진 철자를 넣어 단어를 완성해 보세요.

겸손한	hum _ le
판단하다	ju _ ge
처벌하다	p _ n _ sh
정의하다	de _ ine
제안하다	s _ gg _ st
요구하다	dem _ nd
엄격한	stri _ t

4. 단어의 뜻과 알파벳 첫 자를 보고 단어를 완성하세요.

엄격한	s _____
겸손한	h _____
처벌하다	p _____
판단하다	j _____
정의하다	d _____
제안하다	s _____
요구하다	d _____

5. 단어를 보고 알맞은 뜻을 써 보세요.

judge	suggest	humble	strict	demand	define	punish

1. 단어와 뜻을 바르게 연결해 보세요.

attempt •   • 강요하다

release •   • 결합하다

decay •   • 시도하다

obvious •   • 석방하다

imitate •   • 부패하다

force •   • 명백한

combine •   • 모방하다

2. 단어를 읽고, 세 번씩 똑같이 따라 써 보세요.

attempt	attempt	attempt	attempt
release	release	release	release
decay	decay	decay	decay
obvious	obvious	obvious	obvious
imitate	imitate	imitate	imitate
force	force	force	force
combine	combine	combine	combine

3. 단어의 뜻을 보고 빠진 철자를 넣어 단어를 완성해 보세요.

시도하다	a t _ e m _ t
석방하다	r e l _ a _ e
부패하다	d e c _ y
명백한	o b v _ o u s
모방하다	i m i _ a t e
강요하다	f o r _ e
결합하다	c o m _ i n e

4. 단어의 뜻과 알파벳 첫 자를 보고 단어를 완성하세요.

강요하다	f _____
결합하다	c _____
시도하다	a _____
석방하다	r _____
부패하다	d _____
명백한	o _____
모방하다	i _____

5. 단어를 보고 알맞은 뜻을 써 보세요.

attempt	imitate	force	combine	obvious	decay	release

1. 단어와 뜻을 바르게 연결해 보세요.

discuss •   • 주목

discover •   • 게다가

sensible •   • 분별 있는

control •   • 논의하다

immune •   • 발견하다

furthermore •   • 통제하다

attention •   • 면역성이 있는

2. 단어를 읽고, 세 번씩 똑같이 따라 써 보세요.

discuss	discuss	discuss	discuss
discover	discover	discover	discover
sensible	sensible	sensible	sensible
control	control	control	control
immune	immune	immune	immune
furthermore	furthermore	furthermore	furthermore
attention	attention	attention	attention

3. 단어의 뜻을 보고 빠진 철자를 넣어 단어를 완성해 보세요.

논의하다   d i s c u _ s

발견하다   d _ s c o _ e r

분별 있는   s _ n s i b _ e

통제하다   c o n _ r o l

면역성이 있는   _ m _ u n e

게다가   f u _ t _ e r m o r e

주목   a t _ e n t i _ n

4. 단어의 뜻과 알파벳 첫 자를 보고 단어를 완성하세요.

주목   a_____

게다가   f _____

분별 있는   s _____

논의하다   d _____

발견하다   d_____

통제하다   c _____

면역성이 있는   i _____

5. 단어를 보고 알맞은 뜻을 써 보세요.

discover	control	sensible	attention	furthermore	immune	discuss

1. 단어와 뜻을 바르게 연결해 보세요.

typical • • 신성한

artificial • • 전형적인

permanent • • 인공의

loss • • 영구적인

origin • • 분실

boost • • 기원

holy • • 북돋우다

2. 단어를 읽고, 세 번씩 똑같이 따라 써 보세요.

typical	typical	typical	typical
artificial	artificial	artificial	artificial
permanent	permanent	permanent	permanent
loss	loss	loss	loss
origin	origin	origin	origin
boost	boost	boost	boost
holy	holy	holy	holy

3. 단어의 뜻을 보고 빠진 철자를 넣어 단어를 완성해 보세요.

전형적인	ty _ ic _ l
인공의	a _ tific _ al
영구적인	pe _ man _ nt
분실	lo _ s
기원	or _ g _ n
북돋우다	bo _ st
신성한	hol _

4. 단어의 뜻과 알파벳 첫 자를 보고 단어를 완성하세요.

신성한	h_____
전형적인	t_____
인공의	a_____
영구적인	p_____
분실	l_____
기원	o_____
북돋우다	b_____

5. 단어를 보고 알맞은 뜻을 써 보세요.

artificial	permanent	boost	typical	holy	origin	loss

1. 단어와 뜻을 바르게 연결해 보세요.

intend •	• 연장자
voluntary •	• 은퇴하다
escort •	• 의도하다
exceed •	• 전환하다
elder •	• 초과하다
switch •	• 자발적인
retire •	• 호위하다

2. 단어를 읽고, 세 번씩 똑같이 따라 써 보세요.

intend	intend	intend	intend
voluntary	voluntary	voluntary	voluntary
escort	escort	escort	escort
exceed	exceed	exceed	exceed
elder	elder	elder	elder
switch	switch	switch	switch
retire	retire	retire	retire

3. 단어의 뜻을 보고 빠진 철자를 넣어 단어를 완성해 보세요.

의도하다	in _ end
자발적인	vol _ nta _ y
호위하다	es _ ort
초과하다	e _ c _ ed
연장자	el _ er
전환하다	swit _ h
은퇴하다	re _ ire

4. 단어의 뜻과 알파벳 첫 자를 보고 단어를 완성하세요.

연장자	e_____
은퇴하다	r_____
의도하다	i_____
전환하다	s_____
초과하다	e_____
자발적인	v_____
호위하다	e_____

5. 단어를 보고 알맞은 뜻을 써 보세요.

escort	voluntary	exceed	elder	retire	switch	intend

1. 단어와 뜻을 바르게 연결해 보세요.

arrange • • 정리하다

accept • • 무작위의

random • • 수락하다

heal • • 신용

copyright • • 치유하다

obey • • 순종하다

credit • • 저작권

2. 단어를 읽고, 세 번씩 똑같이 따라 써 보세요.

arrange	arrange	arrange	arrange
accept	accept	accept	accept
random	random	random	random
heal	heal	heal	heal
copyright	copyright	copyright	copyright
obey	obey	obey	obey
credit	credit	credit	credit

3. 단어의 뜻을 보고 빠진 철자를 넣어 단어를 완성해 보세요.

정리하다	a _ r a n _ e
수락하다	a c _ e _ t
무작위의	r _ n d _ m
치유하다	h e _ l
저작권	c o p y r _ g h _
순종하다	o _ e y
신용	c r _ d i t

4. 단어의 뜻과 알파벳 첫 자를 보고 단어를 완성하세요.

정리하다	a_____
무작위의	r_____
수락하다	a_____
신용	c_____
치유하다	h_____
순종하다	o_____
저작권	c_____

5. 단어를 보고 알맞은 뜻을 써 보세요.

credit	obey	copyright	heal	random	accept	arrange

Day 330 ~ Day 337

1. 단어와 뜻을 바르게 연결해 보세요.

custom • • 헌신하다

confess • • 언쟁하다

strategy • • 초래하다

guess • • 관습

quarrel • • 자백하다

devote • • 전략

cause • • 추측하다

2. 단어를 읽고, 세 번씩 똑같이 따라 써 보세요.

custom custom custom custom

confess confess confess confess

strategy strategy strategy strategy

guess guess guess guess

quarrel quarrel quarrel quarrel

devote devote devote devote

cause cause cause cause

3. 단어의 뜻을 보고 빠진 철자를 넣어 단어를 완성해 보세요.

관습	cu _ tom
자백하다	confe _ s
전략	str _ te _ y
추측하다	g _ ess
언쟁하다	quar _ el
헌신하다	de _ ote
초래하다	ca _ se

4. 단어의 뜻과 알파벳 첫 자를 보고 단어를 완성하세요.

헌신하다	d_____
언쟁하다	q_____
초래하다	c_____
관습	c_____
자백하다	c_____
전략	s_____
추측하다	g_____

5. 단어를 보고 알맞은 뜻을 써 보세요.

quarrel	cause	devote	confess	custom	strategy	guess

1. 단어와 뜻을 바르게 연결해 보세요.

charm • • 정착하다

settle • • 지불하다

adopt • • 매력

urge • • 입양하다

consider • • 촉구하다

regard • • 고려하다

pay • • 간주하다

2. 단어를 읽고, 세 번씩 똑같이 따라 써 보세요.

charm   charm   charm   charm

settle   settle   settle   settle

adopt   adopt   adopt   adopt

urge   urge   urge   urge

consider   consider   consider   consider

regard   regard   regard   regard

pay   pay   pay   pay

3. 단어의 뜻을 보고 빠진 철자를 넣어 단어를 완성해 보세요.

매력	c _ a r m
정착하다	s e t t l _
입양하다	a d o _ t
촉구하다	u r _ e
고려하다	c o n _ i d e r
간주하다	r e _ a r d
지불하다	p a _

4. 단어의 뜻과 알파벳 첫 자를 보고 단어를 완성하세요.

정착하다	s _____
지불하다	p _____
매력	c _____
입양하다	a _____
촉구하다	u _____
고려하다	c _____
간주하다	r _____

5. 단어를 보고 알맞은 뜻을 써 보세요.

consider	adopt	settle	regard	pay	urge	charm

1. 단어와 뜻을 바르게 연결해 보세요.

cure • • 탐욕

support • • 차분한

greed • • 치료하다

abstract • • 잠재적인

calm • • 주저하다

hesitate • • 추상적인

potential • • 지지하다

2. 단어를 읽고, 세 번씩 똑같이 따라 써 보세요.

cure	cure	cure	cure
support	support	support	support
greed	greed	greed	greed
abstract	abstract	abstract	abstract
calm	calm	calm	calm
hesitate	hesitate	hesitate	hesitate
potential	potential	potential	potential

3. 단어의 뜻을 보고 빠진 철자를 넣어 단어를 완성해 보세요.

치료하다	cu _ e
지지하다	supp _ rt
탐욕	gre _ d
추상적인	a _ stra _ t
차분한	ca _ m
주저하다	hes _ ta _ e
잠재적인	p _ tenti _ l

4. 단어의 뜻과 알파벳 첫 자를 보고 단어를 완성하세요.

탐욕	g_____
차분한	c_____
치료하다	c_____
잠재적인	p_____
주저하다	h_____
추상적인	a_____
지지하다	s_____

5. 단어를 보고 알맞은 뜻을 써 보세요.

potential	hesitate	calm	abstract	greed	support	cure

1. 단어와 뜻을 바르게 연결해 보세요.

predict • • 신뢰

acquire • • 무례한

rude • • 예측하다

reform • • 습득하다

trust • • 개혁하다

gradual • • 점진적인

update • • 갱신하다

2. 단어를 읽고, 세 번씩 똑같이 따라 써 보세요.

predict   predict   predict   predict

acquire   acquire   acquire   acquire

rude   rude   rude   rude

reform   reform   reform   reform

trust   trust   trust   trust

gradual   gradual   gradual   gradual

update   update   update   update

3. 단어의 뜻을 보고 빠진 철자를 넣어 단어를 완성해 보세요.

예측하다	p r _ d i _ t
습득하다	a c _ u i _ e
무례한	r _ d e
개혁하다	r e _ o r m
신뢰	t r u _ t
점진적인	g _ a d _ a l
갱신하다	u _ d _ t e

4. 단어의 뜻과 알파벳 첫 자를 보고 단어를 완성하세요.

신뢰	t _____
무례한	r _____
예측하다	p _____
습득하다	a _____
개혁하다	r _____
점진적인	g _____
갱신하다	u _____

5. 단어를 보고 알맞은 뜻을 써 보세요.

rude	predict	update	acquire	gradual	trust	reform

1. 단어와 뜻을 바르게 연결해 보세요.

remind •　　• 남용하다

fool •　　• 기만하다

deny •　　• 피상적인

abuse •　　• 간과하다

overlook •　　• 상기시키다

superficial •　　• 부인하다

2. 단어를 읽고, 세 번씩 똑같이 따라 써 보세요.

remind	remind	remind	remind
fool	fool	fool	fool
deny	deny	deny	deny
abuse	abuse	abuse	abuse
overlook	overlook	overlook	overlook
superficial	superficial	superficial	superficial

3. 단어의 뜻을 보고 빠진 철자를 넣어 단어를 완성해 보세요.

상기시키다	r e m _ n d
기만하다	f o _ l
부인하다	_ e n y
남용하다	a b _ s e
간과하다	o _ e r _ o o k
피상적인	s u _ e r f i c _ a l

4. 단어의 뜻과 알파벳 첫 자를 보고 단어를 완성하세요.

남용하다	a _____
기만하다	f _____
피상적인	s _____
간과하다	o _____
상기시키다	r _____
부인하다	d _____

5. 단어를 보고 알맞은 뜻을 써 보세요.

remind	abuse	fool	overlook	deny	superficial